U0172962

"中国 20 世纪
城市建筑的近代化遗产研究"
丛书

The series of books
on the modern
heritage of Chinese urban architecture
in the 20th century

青木信夫 徐苏斌 主编

张家浩 著

基于信息技术的
文化遗产信息采集和管理
——以我国工业遗产为例

Information Collection and Management of
Cultural Heritage based on Information Technology
——A Case Study of Industrial Heritage in China

中国建筑工业出版社

序

（1）20 世纪遗产研究的国际趋势

20 世纪遗产保护是全球近现代文化遗产保护运动的重要趋势。推进研究和保护以及使用什么词汇能够概括全球的近现代遗产保护是经过长期思考的。在 1981 年第五届世界遗产大会上，悉尼歌剧院申报世界遗产引起了人们对于晚近遗产（Recent Heritage）的关注。1985 年在巴黎召开的 ICOMOS（国际古迹遗址理事会）专家会议上研究了现代建筑的保护问题。1986 年国际古迹遗址理事会"当代建筑申报世界遗产"的文件，内容包括了近现代建筑遗产的定义和如何运用世界遗产标准评述近现代建筑遗产。1988 年现代运动记录与保护组织 DOCOMOMO（International Committee for the Documentation and Conservation of buildings，sites and neighborhoods of the Modern Movement）成立。在那之后近现代建筑遗产的研究和保护迅速在全球展开，也对中国产生了很大影响。1989 年欧洲委员会（Council of Europe）在维也纳召开了"20 世纪建筑遗产：保护与振兴战略"（Twentieth Century Architectural Heritage: strategies for conservation and protection）国际研讨会。1991 年欧洲委员会发表"保护 20 世纪遗产的建议"（Recommendation on the Protection of the Twentieth Century Architectural Heritage），呼吁尽可能多地将 20 世纪遗产列入保护名录。1995 年 ICOMOS 在赫尔辛基和 1996 年在墨西哥城就 20 世纪遗产保护课题召开了大型国际会议。在"濒危遗产 2000 年度报告"（Heritage at Risk 2000）中，许多国家都报告了 19—20 世纪住宅、城市建筑、工业群、景观等遗产保存状况并表示担忧。2001 年 ICOMOS 在加拿大蒙特利尔召开工作会议，制定了以保护 20 世纪遗产为核心的"蒙特利尔行动计划"（The Montreal Action Plan），并将 2002 年 4 月 18 日国际古迹日的主题定为"20 世纪遗产"。现在《世界遗产名录》已经有近百项 21 世纪建筑遗产，占总数的 1/8。2011 年 20 世纪遗产国际科学委员会（the ICOMOS International Scientific Committee on Twentieth - Century Heritage（ISC20C））发布《关于 20 世纪建筑遗产保护方法的马德里文件 2011》，马德里文件第一次公开发表于 2011 年 6 月，当时在马德里召开"20 世纪建筑遗产干预标准"（"Criteria for Intervention in the Twentieth Century Architectural Heritage-

CAH20thC"），共有 300 多位国际代表讨论并修正了该文件的第一版。2014 年发布第二版，2017 年委员会最终确定了国际标准:《保护 20 世纪遗产的方法》(称为马德里 – 新德里文件，the Madrid-New Delhi Document)，该文件得到了在德里举行的国际会议的认可。这个文件标志着"20 世纪遗产"（ Twentieth-Century Heritage ）一词成为国际目前通用称谓。

（2）中国 20 世纪遗产的保护现状

在中国近代遗产的保护可以追溯到 1961 年，主要使用"革命遗址及革命纪念物"，在第一批全国重点文物中共有 33 处。1991 年建设部和国家文物局下发《关于印发近代优秀建筑评议会纪要的通知》，提出 96 项保护名单，扩展了近代遗产的种类。1996 年国务院公布第四批全国重点文物保护单位采用了"近现代重要史迹及代表性建筑"。2007—2012 年的全国第三次文物普查结果表明，近现代建筑史迹及代表性建筑有 14 多万处（占登记总量 18.45%）。在地方层面上厦门 2000 年颁布了《厦门市鼓浪屿历史风貌建筑保护条例》，2002 年上海通过了《上海市历史文化风貌区和优秀历史建筑保护条例》，天津 2005 年公布了《天津市历史风貌建筑保护条例》。

20 世纪遗产保护的倡议开始于 2008 年。2008 年 4 月，中国古迹遗址保护协会在无锡召开以"20 世纪遗产保护"为主题的中国文化遗产保护论坛，会上通过了《保护 20 世纪遗产无锡建议》。同时国家文物局发布《关于加强 20 世纪建筑遗产保护工作的通知》。2014 年中国文物学会 20 世纪建筑遗产委员会成立。2016 年中国文物学会开始评选 20 世纪遗产，到 2019 年已经公布了四批共计 396 项。但是这样的数量依然不能保护大量的 20 世纪建筑遗产，因此中国文物学会 20 世纪建筑遗产委员会在 2019 年 12 月 3 日举行"新中国 70 年建筑遗产传承创新研讨会"，发表了"中国 20 世纪建筑遗产传承创新发展倡言"，强调忧思意识，倡议"聚众智、凝共识、谋实策，绘制中国 20 世纪建筑遗产持续发展的新篇"。20 世纪遗产已经逐渐进入中国大众的视野。

（3）中国近代史研究的发展

中国近代史研究可以追溯到清末。1902 年梁启超在《近世文明初祖二大家之学说》中将中国历史分为"上世""中世""近世"，首先使用了"近世"一词。1939 年，《中国革命与中国共产党》中提到中国人民的民族革命斗争从鸦片战争开始已经 100 年，这个分类对后来的研究影响很大。

中国近代史在 20 世纪 80 年代以前主要是以"帝国主义"和"阶级斗争"为线索考察近代史。1948 年胡绳撰成并出版《帝国主义与中国政治》，此书从帝国主义同中国的畸形政治关系中总结经验教训，与稍早出版的范文澜的《中国近代史》（上编第一分册，1947）一起，对中国近代史学科的建设产生了深远影响。1953 年初，胡绳撰写《中国近代史提纲》初稿，用于给中共中央高级党校的学员讲中国近代史，此时他已经形成了以阶级斗争为主要线索的史观。这些看法在《中国近代历史的分期问题》一文中进一步明晰。体现胡绳理论独创性的是"三次革命高潮"这一广为流传的概念，从帝国主义到阶级斗争的史观的微妙转换也反映了中国在 1949 年以后历史线索从外而内的变化。20世纪 50 年代初期以马克思主义历史学家郭沫若为首，中国科学院近代史研究所开始编辑《中国史稿》，1962 年第四册近代史部分出版。1978 年又根据该稿出版了《中国近代史稿》，这本书是"帝国主义"论的经典，同时也是贯穿半封建半殖民地史观的近代史。70 年代末，由于国家确立改革开放、以经济建设为中心的方针，现代化事业成为国家和人民共同关注和进行的主要事业，1990 年 9 月，中国社会科学院近代史研究所为纪念建所 40 周年，举办了以"近代中国与世界"为题的国际学术讨论会。以"近代化"（现代化，modernization）为基本线索研究中国近代史，这是中国近代历史研究的转折点。

（4）关于中国近代建筑遗产的研究

在近代建筑方面由梁思成率先倡导、主持，早在 1944 年他在《中国建筑史》中撰写了"清末民国以后之建筑"一节。1956 年刘先觉撰写了研究论文《中国近百年建筑》。1959 年建筑工程部建筑科学研究院"中国近代建筑史编纂委员会"编纂了《中国近代建筑史》，虽然没有出版但是为进一步的研究奠定了基础，1962 年出版了上下两册《中国建筑简史》，第二册就是《中国近代建筑简史》。当时的史观和中国近代史研究类似，1949 年以后对近代建筑史在帝国主义、阶级斗争的史观支配下有很多负面的评价，因此影响了研究的推进。真正开始进行中国近代建筑史的研究是在 20 世纪 80 年代中期清华大学和东京大学开始合作研究。1986 年汪坦主持召开第一次中国近代建筑史学会研讨会，成立"中国近代建筑研究会"。以东京大学的藤森照信教授为首，在1988年开始调研中国16个主要口岸城市的近代建筑，1996年，藤森照信教授和清华大学汪坦教授合作出版了《全调查东亚洲近代的都市和建筑》汇集了这个阶段的研究成果。中国陆续出版《中国近代建筑总览》（1989—2004）、《中国近代建筑史研究讨论会论文集》（1987—1997）、《中国近代建筑研究与保护》（1999—2016）。2016年由赖德霖、伍江、徐苏斌主编的《中国近代建筑史》（中国建筑工业出版社，2016年）问世。中国当代建筑的研究也逐步推进，代表作品有邹德侬著《中国现代建筑史》（机械工业出版社，2003年）等。

基于中国知网（CNKI）数据库，对仅以"中国近代建筑"为主题的文章进行了检索，获得文章共943篇。1978—2018年的发表趋势可清楚地看出近年来国内相关研究文献数量迅速增多，尤其自2006年起中国学者对近代建筑研究的关注度日益提升，形成一股研究热潮。同时可以看出关于中国近代建筑的研究方向主要集中在近代建筑（个案）20.34%、近代建筑史12.64%、建筑保护1.88%、建筑师8.4%等方向。

（5）从近代建筑遗产走向近代化遗产

从近代建筑遗产到近代化遗产，这是一个必然的过程。日本的研究历程就是从近代建筑遗产扩展到近代化遗产的过程，这个过程能给我们很多启示。

首先以东京大学村松贞次郎为首组织建筑史研究者进行全国的洋风建筑调查，于1970年出版了《全国明治洋风建筑名簿》（《全国明治洋风建筑リスト》），以后又逐渐完善，日本建筑学会于1983年出版了《新版日本近代建筑总览》（《新版日本近代建筑総覧》，技报堂出版，1983）。这是关于近代建筑的调查。可是随着技术的革新、产业转型、经济高速发展等，比洋风建筑更为重要的近代化遗产问题成为关注的热点，如何更为宏观地把握近代化遗产成为当务之急。研究的嚆矢是东京大学村松贞次郎教授，他主要从事日本近代建筑研究，其中最著名的著作是《日本近代建筑技术史》（1976年），而工业建筑集中体现了建筑技术的最新成果。文化厅于1990年开始推动《近代化遗产（构造物等）综合调查》，这不仅仅是近代建筑，也包括了产业、交通、土木等从建筑到构造物的多方面的近代化遗产的调查。鼓励调查建造物以及和近代化相关的机械、周边环境等。另外也推进了调查传统的和风建筑。1994年7月文化厅发表《应对时代的变化改善和充实文化财保护措施》，其中第三点"近代文化遗产的保护"中提出："今后，进一步促进近代的文化遗产的制定，与此同时，有必要尽快推进调查研究近年来十分关心的近代化遗产，探讨保护的策略，加强保护。"1993年开始指定近代化遗产为重要文化遗产。日本土木学会土木史委员会1993－1995年进行了全国性近代土木遗产普查，判明全国有7000~10000件近代土木遗产。该委员会从1997开始进行对近代土木遗产的评价工作。土木学会的代表作品如《日本的近代土木遗产——现存重要土木构造物2800选（改订版）》（《日本の近代土木遺産——現存する重要な土木構造物2800選（改訂版）》）于2005年出版。昭和初期建筑的明治生命馆、昭和初期土木构造物的富岩运河水闸设施等被指定为重要文化遗产。

近代化遗产推进的最大成果是于2015年成功申请世界文化遗产。

2007年日本经济通产省召集了13名工业遗产专家构成了"产业遗产活用委员会"。同年5月从各地征集了工业遗产，经过委员会讨论，以便于普及的形式再次提供给各个地方。在此基础上经过四次审议，确定了包括33个遗产的近代产业遗产群，并对有助于地域活性化的近代产业遗产进行认定，授予认定证和执照。代表成果是2009年编订申请世界遗产"九州、山口近代化产业遗产群"报告。2013年4月，登录推进委员会将系列遗产更名为"日本近代化产业遗产群——九州·山口及相关地区"，并向政府提交修订建议。政府于同年9月17日决定，将本遗产列入日本2013年世界文化遗产的"推荐候选者"，并于9月27日向教科文组织提交了暂定版。2014年1月17日，内阁府批准了将其推荐为世界文化遗产的决定，并在将一些相关资产整合到8个地区和23个遗产之后，于1月29日向世界遗产中心提交正式版，名称为"明治日本的产业革命遗产——九州·山口及相关地区"。2015年联合国教科文组织世界遗产委员会审议通过"明治日本的产业革命遗产 制铁·制钢·造船·石炭产业"（"明治日本の産業革命遺産 製鉄·製鋼、造船、石炭産業"）为世界文化遗产。

日本的"近代化遗产"多被误解为产业遗产，这是因为日本对建筑遗产的丰富研究成果努力弥补土木遗产的缘故，日本的"近代化遗产"更代表着对推进近代化起到积极作用的城市、建筑、土木、交通、产业等多方面的综合遗产的全面概括。

我们也不断反省如何应对中国发展的需求推进研究。我们自己的研究也以近代建筑起步，20 世纪 80 年代当我们还是学生时就有幸参加了中国、日本以及东亚的相关近代建筑调查和研究，2008 年成立了天津大学中国文化遗产保护国际研究中心，尝试了国际化和跨学科的科研和教学，2013 年承接了国家社科重大课题"我国城市近现代工业遗产保护体系研究"，把研究领域从建筑遗产扩展到近代化遗产。重大课题的立项代表着中国对于工业遗产研究的迫切需求，在此期间工业遗产的研究层出不穷，特别是从 2006 年以后呈现直线上升的趋势。这反映着国家产业转型、城市化、经济发展十分需要近代化遗产的研究作为支撑，整体部署近代化遗产保护和再利用战略深刻地影响着中国的可持续发展。

在中国近代化集中的时期是 20 世纪，这也和国际对于 20 世纪遗产保护的大趋势十分吻合，国际目前较为常用"20 世纪遗产"的表述方法来描述近现代遗产，这也是经过反复讨论和推敲的词汇，因此我们沿用这个词汇，但是这并不代表研究成果仅仅限制在 20 世纪，也包括更为早期或者更为晚近的近代化问题。同时本丛书也不限制于中国本土发生的事情，还包括和中国相关涉及海外的研究。我们还十分鼓励跨学科的城市建筑研究。在本丛书中我们试图体现这样的宗旨：我们希望把和中国城市建筑近代化进程的相关研究纳入这个开放的体系中，兼收并蓄不同的研究成果，从不同的角度深入探讨近代化遗产问题，作为我们这个时代对于近代化遗产思考及其成果的真实记录。我们希望为年轻学者提供一个平台，使得优秀的研究者和他们的研究成果能够借此平台获得广泛的关注和交流，促进中国的近代化遗产研究和保护。因此欢迎相关研究者利用好这个平台。在此我们还衷心感谢中国建筑工业出版社提供的出版平台！

青木信夫　徐苏斌

2020 年 5 月 31 日于东京

前　言

　　本书内容可分为两部分，第一部分是对我国工业遗产信息采集与管理体系的建构研究；第二部分是基于该体系，以全国、天津市和北洋水师大沽船坞为案例对体系三个层级的信息采集、信息管理系统和 BIM 信息模型的建构，以及对相关的分析应用进行实践性研究。是在我国目前工业遗产研究背景下所进行的探索性研究，目的是促进我国国家层面的工业遗产信息采集与管理机构和体系的建立。

　　第一部分，首先，在信息化时代背景下，充分总结国内外前人的相关研究，并对我国工业遗产的研究现状及存在问题进行论述，基于这些现实问题，提出建立"我国工业遗产信息采集与管理体系"的必要性。然后，对该体系进行了建构研究，体系包括"国家层级""城市层级"和"遗产本体层级"。现阶段"国家层级"的目的主要是为了统筹全国各部门、机构、地区和学者成果，解读我国工业遗产研究全貌；"城市层级"的目的是制定标准化的"普查表"和相应的"普查信息管理系统"，为未来我国工业遗产专项普查做好准备；"遗产本体层级"的目的是对工业遗产文物保护单位的全面信息采集与管理标准的建立，以及 GIS（Geographic Information System，地理信息系统）、BIM（Building Information Modeling，建筑信息模型）技术在保护中的应用进行探索。

　　第二部分，首先，依据"国家层级"对全国目前工业遗产的研究成果进行信息采集，收集了我国 1537 项工业遗产，为我国未来工业遗产普查提供第一手的基础资料；建立"全国工业遗产信息管理系统"，并对全国工业遗产的行政区、时空、行业、保护、再利用等多个方面进行了全面分析，揭示我国工业遗产的整体面貌。

　　其次，基于"城市层级"对天津市域范围工业遗产进行普查，并建立"天津工业遗产普查信息管理系统"，基于 GIS 技术对天津市工业遗产的基本情况、再利用潜力以及工业遗产廊道的规划进行了研究。

　　再次，基于"遗产本体层级"，对北洋水师大沽船坞进行全面的信息采集，建立了"北洋水师大沽船坞信息管理系统"，并基于 GIS 技术对大沽船坞的历史格局演变、价值评估等进行研究，进行了保护规划的编制。

最后，基于"遗产本体层级"，由于遗产领域 BIM 技术处于起步阶段，且数据处理复杂，因此本文先对其工作流程进行研究，然后基于 BIM 技术对轮机车间、甲坞和设备的信息采集与信息模型建构进行案例研究；并基于 Revit 软件、Revit SDK 和 C++ 语言开发了"建筑遗产修缮管理软件"，将其应用于轮机车间修缮设计的残损信息管理中。

目 录

第一章　绪　论　　　　　　　　　　　　　　　　　　　　　　　　　1

　　第一节　研究背景　　　　　　　　　　　　　　　　　　　　1

　　第二节　研究对象　　　　　　　　　　　　　　　　　　　　5

　　第三节　国内外既往研究综述　　　　　　　　　　　　　　　9

　　第四节　研究问题及解决途径　　　　　　　　　　　　　　　42

　　第五节　研究目的及意义　　　　　　　　　　　　　　　　　44

　　第六节　研究方法及框架　　　　　　　　　　　　　　　　　46

　　第七节　研究创新及未尽事宜　　　　　　　　　　　　　　　48

第二章　我国工业遗产信息采集与管理体系建构研究　　　　　　　51

　　第一节　体系结构总述　　　　　　　　　　　　　　　　　　51

　　第二节　国家层级标准研究　　　　　　　　　　　　　　　　58

　　第三节　城市层级标准研究　　　　　　　　　　　　　　　　60

　　第四节　遗产本体层级标准研究　　　　　　　　　　　　　　66

　　第五节　本章小结　　　　　　　　　　　　　　　　　　　　73

第三章　国家层级信息管理系统建构及应用研究

　　──以全国工业遗产为例　　　　　　　　　　　　　　　　　75

　　第一节　全国工业遗产信息采集的实施　　　　　　　　　　　75

　　第二节　"全国工业遗产信息管理系统"建构研究　　　　　　77

　　第三节　基于 GIS 的我国工业遗产现状分析研究　　　　　　81

　　第四节　本章小结　　　　　　　　　　　　　　　　　　　　112

第四章　城市层级信息管理系统建构及应用研究

　　──以天津工业遗产普查为例　　　　　　　　　　　　　　　115

　　第一节　天津市工业遗产普查的实施　　　　　　　　　　　　115

第二节 天津工业遗产普查信息管理系统建构研究   119

第三节 基于 GIS 的天津工业遗产分析及廊道规划研究   124

第四节 本章小结   144

第五章 遗产本体层级信息管理系统建构及应用研究

    ——以北洋水师大沽船坞为例   147

第一节 北洋水师大沽船坞信息采集的实施   148

第二节 北洋水师大沽船坞遗产本体信息管理系统建构研究   157

第三节 GIS 在北洋水师大沽船坞保护规划中的应用研究   161

第四节 本章小结   172

第六章 遗产本体层级 BIM 信息模型建构及应用研究

    ——以轮机车间、甲坞及设备为例   175

第一节 工业遗产领域 BIM 技术工作流程研究   175

第二节 轮机车间、甲坞及设备的信息采集与处理   177

第三节 BIM 信息模型建构研究   180

第四节 建筑遗产修缮信息管理软件的开发与应用研究   184

第五节 本章小结   188

第七章 研究总结与未来展望   191

第一节 本研究内容总结   191

第二节 本研究未来发展方向展望   192

参考文献   195

本人学术成果   201

第一节　研究背景

"目前，各地对工业遗产的保护还存在一些问题，一是重视不够，工业遗产列入各级文物保护单位的比例较低；二是家底不清，对工业遗产的数量、分布和保存状况心中无数；界定不明，对工业遗产缺乏深入系统的研究，保护理念和经验严重匮乏；三是认识不足，认为近代工业污染严重、技术落后，应退出历史舞台；四是措施不力，'详远而略近'的观念偏差，使不少工业遗产首当其冲成为城市建设的牺牲品。"[1]

国家文物局《关于加强工业遗产保护的通知》

"每一个国家或地区都需要鉴定、记录并保护好那些需要为后代保存的工业遗产。"[2]

《下塔吉尔宪章》

"研究和记录工业建（构）筑物、厂区、景观和相关的机械设备、档案以及非物质遗产，对它们的认知、保护以及遗产价值的评估具有极为重要的意义。"[3]

《都柏林准则》

一、全国工业遗产的整体情况仍未可知

"工业考古学"（Industrial archaeology）的概念最早在 1955 年由英国学者迈克尔·里克斯（Michael Rix）提出，并在 20 世纪 80 年代传入我国[4]。2006 年 4 月发布关于工业遗产的《无锡建议》，同年 5 月，国家文物局发布《关于加强工业遗产保护的通知》，标志着我国工业遗产研究保护工作的全面兴起。2007 年开始的第三次全国文物普查中，工业遗产受到特殊关注，如北京、天津、

上海、南京、重庆、武汉、济南等城市也进行了工业遗产的专项调查和保护规划编制工作；其他地区或城市虽未进行工业遗产专项普查，但也有大量学者对当地的工业遗产进行研究，十几年共发表了数以千计的学术论文，可以说，目前我国工业遗产的研究与保护处于蓬勃发展的时期。

但与此同时，目前由于我国除一些重点城市外，绝大部分地区都未进行工业遗产的专项普查工作，我国目前究竟有多少工业遗产？它们是如何分布的？是否受到妥善保护等一系列问题无人可答，全国工业遗产的整体情况仍未可知。

也由于未建立统一的信息采集与管理①体系，即使是进行过普查的城市，由于各地专家对工业遗产的认知程度不同，导致信息采集的内容、深度不统一，不利于未来的信息汇总和交流，更不利于未来统一的信息管理系统的建构。

综上所述，若想解决上述问题，实施全国工业遗产的普查行动，并对普查成果进行系统管理，最切实可行的措施是建立全国统一的工业遗产信息采集与管理体系。这对于我国工业遗产研究与保护的发展而言，无疑是最需要攻克的难题之一。

① 本书中，遗产的信息采集与管理的概念见"研究对象"章节。遗产界本身与"信息采集与管理"相关的概念很多，如考古、遗产记录、建筑测绘等，但其本质是对遗产信息的采集与管理。因此，在信息化背景下，本研究中，除涉及前人研究内容外，将上述语汇都统一到"信息采集与管理"这一概念中进行阐述。

二、城市化高速发展与工业遗产保护的矛盾

改革开放以来，我国经济迅猛发展、城市化进程速率加快，特别是20世纪90年代之后，城市化进入全面推进阶段。2012年，我国城镇化率首次突破50%，截至2018年初，我国的城市化率已经达到58.52%[5]，城镇常住人口达到8.1亿。参考全球发达国家的城市化率普遍在80%左右，未来20年中，我国城市化的速率仍处于高速发展阶段，这对促进我国经济发展、改善人民生活环境和生活质量具有重要的意义。但与此同时，随着城市化进程以及产业结构调整升级等原因，大面积处在城市中或城市边缘地带的文化遗产面临着严峻的生存困境，而工业遗产首当其冲[6]。

工业遗产在我国属于新的文化遗产类型，相较于古建筑、大遗址等"老牌遗产"，在我国城市化高速发展的大背景下，其保护难度更大。主要原因有以下两点：首先，工业遗产的构成一般包括工业厂房、烟囱、锅炉、大型机械等要素，其公众形象往往与环境污染、城市破旧等联系在一起，致使普通市民对其价值的认定较低，保护意愿较为薄弱；其次，工业遗产往往以工业厂区的形式存在，这些厂区，面积小则5、6hm²，大则有可能上百公顷，是较理想的储备用地；就地理位置而言，在建厂之时，一般位于当时的城市边缘地带或工业区内，但随着城市发展和规划调整，曾经的边缘地带逐渐发展为城市中心，新的产业和人口开始涌入这片区域，这时有着巨大土地储量的工业厂区与城市建

设之间的矛盾开始激化，这就更加剧了当代中国工业遗产的危险处境。

城市发展，破旧立新，对于工业遗产既有可能造成威胁，但同时又是工业遗产焕发新生的大好机遇。相较于城市中的古建筑遗产、其他类型的近代建筑遗产，工业遗产在改造再利用方面具有天然优势：其一，工业建筑和大型构筑物遗存空间尺度大，易于空间改造和功能置入；其二，工业遗产中的"非文物"所占比重很大，对这部分遗产的改造可不过分保守，在保证其整体工业风格的基础上有极大的发挥空间。

面对当今中国城市建设发展和工业遗产保护之间的矛盾，解决方法不可走极端，既不可对工业遗存不加辨别，一律拆毁，也不应对工业遗产保护过分保守，影响到城市建设。对于工业遗产的去留问题，首先应对工业遗产具有准确的认知，然后在最大限度地保留其价值和真实性、完整性的基础上，为城市建设腾出必要的空间。而如何准确地认知工业遗产，并把握其价值和真实性、完整性的内涵，建立科学的信息采集与管理体系是必不可少的基础性工作和重要前提。

三、信息采集与管理体系研究的缺失

遗产的信息采集与管理是遗产认知、研究、价值评估、保护和再利用的重要前提条件，《雅典宪章》《西安宣言》《北京文件》《下塔吉尔宪章》《都柏林准则》等遗产保护的国际指导文件中都强调了其重要性。随着国家对文化遗产保护事业越来越重视，近年来如张十庆[7]、吴葱[8]、狄雅静[9]、黄明玉[10]、石越[11]等学者，分别从现状、体系、案例等角度对我国遗产的信息采集与管理进行了研究；国家文物局也在第三次不可移动文物普查[12]、第一次可移动文物普查[13]、全国重点文物保护单位的档案管理[14]中多次提出对信息管理的要求。直到 2018 年 9 月，我国仍然没有建立科学、有效、完善的文化遗产信息采集与管理体系。而工业遗产作为我国的一类新型遗产，在其社会认知度较低的当下，其信息采集与管理现状的严峻程度可想而知。

基于 CNKI 数据库，对"工业遗产，工业遗产景观，后工业景观，工业遗产旅游，旧工业建筑，工业遗址，工业遗迹，工业遗存，工业建筑遗产，旧工业区，工业废弃地，工业文化遗产，产业遗产，工业考古"等 14 个关键字进行检索，通过筛选去除重复论文，最终获得与工业遗产相关的期刊论文 2902 篇①。首先，对各年论文发表量进行统计分析可知，自 2006 年之后，发表量逐年迅速增多；说明我国工业遗产的受关注程度不断增加，工业遗产的研究处于发展的上升期（图 1-1）。

① 此结果截至 2017 年 4 月 1 日。

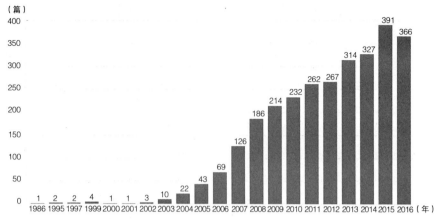

图 1-1　我国历年工业遗产相关期刊论文数量

　　为了对我国工业遗产研究进行更细致的剖析，又对 2902 篇论文的关键字进行了统计，共有 13999 个关键字。对这些关键字进行统计分析结果如表 1-1 所示，频率较高的关键字为工业遗产、旧工业建筑、保护、改造、再利用、旅游、更新等。由此可知，我国学者更加关注工业遗产的保护与再利用方面的研究；而信息采集与管理相关的关键字只有"调查"一词，频率为 5 次，由此可见，工业遗产的信息采集与管理相关的研究极少，除笔者外，仅有田燕（2008 年），石越（2014 年）等学者进行了关注，而对我国工业遗产信息采集与管理体系进行系统建构方面的研究更是空白。

我国工业遗产期刊论文关键字统计　　　　　　　　　　　表 1-1

关键字	频率	关键字	频率	关键字	频率
工业遗产	1003	工业景观	55	创意产业园	37
旧工业建筑	184	工业遗产旅游	52	工业遗址	36
保护	181	建筑遗产	50	价值	35
改造	167	创意产业	48	遗产资源	35
再利用	147	风景园林	47	老工业区	34
工业遗产保护	143	更新	47	保护与再利用	33
工业废弃地	118	工业建筑遗产	46	景观改造	33
工业旅游	110	工业遗存	40	旧工业区	33
工业文化	79	后工业景观	39	老工业基地	32
城市更新	68	历史建筑	39	建筑改造	31
工业建筑	68	城市发展	38	利用	31
景观设计	66	工业城市	38	更新改造	30
文化创意产业	58	可持续发展	38	开发模式	30
注：本表内为频率超过 30 次的关键词				旅游开发	30

综上所述，信息采集与管理是重要的基础性工作，对工业遗产的价值评估、保护及再利用具有重要的意义，其重要性不管怎么估计都不过分，而目前我国对于工业遗产的信息采集与管理的研究仍处于"真空"状态。本书为了解决这一重要问题，从体系建构和应用研究两方面入手，对我国工业遗产信息采集与管理体系进行探索。首先建立统一的工业遗产信息采集与管理体系，体系主要包括国家层级信息采集与管理体系、城市层级信息采集与管理体系、遗产本体层级信息采集与管理体系，并对各层级信息采集与管理系统标准进行了研究；其次利用信息化 GIS、BIM 技术和 C++ 编程语言等技术，对全国工业遗产信息管理系统、城市普查信息管理系统和工业遗产文保单位遗产本体信息管理系统及 BIM 信息模型的信息采集和数据库建构、信息管理系统开发等方面进行技术性探索和实践性研究。

第二节　研究对象

本书的研究对象为"我国工业遗产信息采集与管理体系"，由于目前在我国，工业遗产并没有明确的定义，并且工业遗产信息采集与管理是一个学科交叉的概念，因此将从这两方面对研究对象进行论述。

一、中国工业遗产

2003 年，国际工业遗产保护协会（TICCIH）发布的《下塔吉尔宪章》对工业遗产下了明确的定义：工业遗产是具有历史、技术、社会、建筑以及科学等价值的工业文化遗存。这些遗存不仅包括建筑物、机器设备、车间、磨坊和制造厂，矿山及处理精炼遗址，仓库和储藏室，能源生产、输送和利用的场所，运输以及与之相关的所有基础设施，也包括与工业相联系的社会活动场所，例如住宅、宗教或教育机构等[①]。

2011 年，国际工业遗产保护协会发布了《都柏林准则》，其中对工业遗产的定义进行了新的阐述：工业遗产包括遗址、构筑物、厂区和景观，以及相关的设备、物品或档案，作为过去曾经有过或现在正在进行的工业生产、原材料提取、商品化以及相关的能源和运输的基础设施建设过程的证据。工业遗产反映了文化和自然环境之间的深刻联系：无论工业流程是原始的还是现代的，均依赖于原材料、能源和运输网络等自然资源，然后通过生产、分销产品，将工业的联系推及至更广阔的市场。工业遗产分为物质遗产（如可移动和不可移动

① 原文：Industrial heritage consists of the remains of industrial culture which are of historical, technological, social, architectural or scientific value. These remains consist of buildings and machinery, workshops, mills and factories, mines and sites for processing and refining, warehouses and stores, places where energy is generated, transmitted and used, transport and all its infrastructure, as well as paces used for social activities related to industry such as housing, religious worship or education.

遗产等）和非物质遗产（如技术工艺知识、工厂组织和工人组织，以及复杂的社会和文化传统等），这些文化遗产塑造了社群生活，给整个社会和全世界带来了结构性改变①。

新的定义对工业遗产的构成进行了新的组织，可以总结为：①物质遗产，包括建（构）筑物、厂区和景观及上述遗址，设备、档案以及其他物品；②非物质遗产，如工艺流程、工厂组织和工人组织等。与《下塔吉尔宪章》相比，新增加了工业遗产中非物质遗产的描述。

2012 年，TICCIH 第 15 次会员大会在我国台湾台北市举办，这是 TICCIH 大会第一次在亚洲举行，此次大会上发表了《台北亚洲工业遗产宣言》（Taipei Declaration on Asian Industrial Heritage）[15]，宣言中指出亚洲的工业化进程与欧美不同，工业遗产具有独特的历史，定义更为宽广，包含了前工业革命时期及工业革命之后的技术、设备以及相关环境，经常是一种综合性的文化景观。亚洲工业遗产与国家或地区的现代化进程密切相关。相较于《下塔吉尔宪章》和《都柏林准则》，《台北宣言》的特点主要有两处：一是指出亚洲工业遗产的历史独特性，二是将相关环境纳入工业遗产的保护范畴。

中国工业遗产概念的建立应考虑两大方面：首先，我国工业遗产的概念应符合三个国际纲领性文件中工业遗产的定义；其次，中国的工业化进程有其独特性，在 1840 年之前，我国的工业仍处在传统手工业和作坊式生产阶段；而在 1840 年以后，由于帝国主义列强的入侵，新能源、新技术以及大型机械设备等随之引入，我国的工业发展"被迫"进入了近代化阶段。这与欧美世界随着科技发展，逐步由传统手工业发展为机器大规模生产工业的历史进程是截然不同的。

综上所述，中国工业遗产的概念需要从两方面进行限定：在时间跨度方面，包括古代工业遗产与近现代工业遗产两部分，前者为传统手工业、作坊、矿山及相关等遗存，后者为采用化石、电力等新能源，大量使用机械进行生产的工业遗存；在全国层面，二者的时间节点为 1840 年，而针对我国各地区、省份或城市层面而言，该时间节点与该地工业近代化的发展历程密切相关，不可一概而论。在遗产构成方面，应分为物质遗产和非物质遗产，物质遗产包括与工业生产、管理、生活相关的建（构）筑物、工业厂区环境、设备、文献档案及其他物品；非物质遗产包括工艺流程、工厂文化和组织等。

本书所涉及的中国工业遗产为近现代工业遗产，其定义为"时间跨度为 1840 年至 1978 年，在我国境内的具有历史、技术、社会、建筑以及科学等价值的工业遗存。这些遗存包括物质和非物质两类，其内容涵盖但不仅限于：工业生产、管理、生活相关的建（构）筑物、工业厂区环境、设备、文献档案及

① 原文：The industrial heritage consists of sites, structures, complexes, areas and landscapes as well as the related machinery, objects or documents that provide evidence of past or ongoing industrial processes of production, the extraction of raw materials, their transformation into goods, and the related energy and transport infrastructures. Industrial heritage reflects the profound connection between the cultural and natural environment, as industrial processes (whether ancient or modern) depend on natural sources of raw materials, energy and transportation networks to produce and distribute products to broader markets. It includes both material assets (immovable and movable), and intangible dimensions such as technical know-how, the organisation of work and workers, and the complex social and cultural legacy that shaped the life of communities and brought major organizational changes to entire societies and the world in general.

其他物品；工艺流程、工厂文化、个人和组织等。"本文如无特指，所写工业遗产均为近现代工业遗产的含义。

二、工业遗产信息采集与管理

（一）考古、遗产记录和古建筑测绘

工业遗产属于文化遗产的范畴，在文化遗产领域中与信息采集和管理相关的概念有考古、遗产记录和古建筑测绘等。考古学（Archaeology）形成于1866年的第一次"人类学和史前考古国际会议"。考古学的内涵从广义上讲是指"通过对历史遗迹、遗物的研究获得历史知识"；狭义上指"是获取历史遗迹、遗物的途径和方法，包括：调查、搜集实物资料的技术，整理、编排、保留实物资料的技术，测试断代的技术，审定和考证实物资料的方式和方法。"[16] 遗产记录（Heritage Documentation）的定义为"适时采集关于古迹、建筑群和遗址的构成、现状和使用情况的信息。"[17] 古建筑测绘的定义为"是测绘学在文化遗产领域中建筑遗产记录、检测以及保护工程等方面的直接应用"，"对古建筑的相关几何、物理和人文信息及其随时间变化的信息适时进行采集、测量、处理、显示、管理、更新和利用的技术和活动，是建立建筑遗产记录档案工作的重要组成部分。"[18]

综上所述，考古的内涵侧重于对历史遗迹进行发现、发掘、保存和解读；遗产记录的内涵侧重于对遗产的历史、现状等信息进行采集和记录；古建筑测绘是建筑遗产记录的重要组成部分，强调基于测绘学理论和技术在建筑遗产信息记录中的实践操作。可见，三者的内涵都表达了对遗产进行信息采集和记录的含义，但侧重点各不相同，且很难以一个概念去代替另两个概念。并且，随着新的信息采集和管理技术的不断引入，文化遗产领域产生了巨大变革，如三维激光扫描技术可迅速采集海量空间信息，GIS技术在信息的管理、可视化、分析等方面的应用等，已经不再是简单的"记录"二字可以概括。

因此，在信息化时代的大背景之下，本书引入信息科学的概念，采用"信息采集与管理"，来统筹遗产领域的相关概念。

（二）工业遗产信息采集与管理的定义

工业遗产信息采集与管理是信息科学与技术在工业遗产领域的应用，其定义的提出应以信息科学为背景。

1948年，美国数学家香农（Shanonn）和维纳（Wiener）分别提出了信息论和控制论，为信息科学奠定了基础。20世纪70年代以后，随着计算机、

卫星、通信、遥感等技术的蓬勃发展使得信息科学受重视程度日益增加。目前，信息科学领域对信息采集没有权威定义，根据《信息采集学》[19]的陈述可总结为：利用一定的技术和方法，在一定的目的下，对认知对象所承载的信息进行采集的过程。其中认知对象和目的共同决定了信息采集的内容和深度，是信息采集的核心问题；技术是生产力工具，影响信息采集的精度和效率。信息管理的定义是指对人类社会信息活动的各种相关因素进行科学的计划、组织、控制和协调，以实现信息资源的合理开发与有效利用的过程[20]。其核心是对信息的系统性组织和控制，并在此基础上的有效利用。

本书中工业遗产信息采集与管理的定义为：以工业遗产为认知对象，采用一定的技术和方法，在一定的目的指导下，对工业遗产相关的建（构）筑物、机械设备、厂区环境、文献、物品、组织、个人等所承载的信息进行采集；并建立系统的管理系统，对采集成果进行组织、控制和协调，以实现这些信息在工业遗产研究、保护、再利用等事业中的有效利用。

需要特别指出的是，由于信息采集的技术涉及测绘、测量等专业性极强的学科，由于学科背景和时间精力等客观条件所限，本书对信息采集标准的研究将集中在各层级的信息采集内容之上；对信息采集所涉及的技术将依据笔者的实践经验进行简要介绍。

针对本书"我国工业遗产信息采集与管理体系"中的"国家层级""城市层级""遗产本体层级"这三个层级，其具体表述为：

"国家层级"：以全国范围内工业遗产为对象，采用人工或计算机识别、筛选的方法，以工业遗产保护的宣传、教育和信息公开为目的，对工业遗产的名称、始建年代、行业类型、地址、坐标点等基础信息进行采集；建立"工业遗产全国基本信息管理系统"，对工业遗产的保护理念、公众教育、旅游开发等信息进行宣传，对全国工业遗产的数量、分布、保护等情况进行分析研究。

"城市层级"：以某城市范围内工业遗产为对象，采用文献梳理、现场调研、测绘等方法，以发现未知工业遗产、复查已知工业遗产为目的，对工业遗产相关的建（构）筑物、厂区环境、机械设备、文献、物品、人和组织等进行描述性信息采集；基于 GIS 技术建立"工业遗产普查信息管理系统"，为该市工业遗产的研究、保护及再利用提供服务，为各级工业遗产保护名录的评选提供重要的基础数据。

"遗产本体层级"：以某工业遗产文物保护单位为对象，采用文献梳理、现场调研、测绘、三维激光扫描、摄影测量、访谈等方法，以工业遗产的详细研究、监测、保护规划、保护工程、改造设计等为目的，对工业遗产相关的建构筑物、厂区环境、机械设备、文献、物品、人和组织等进行全面性信息采集；

基于 GIS 技术建立"工业遗产遗产本体信息管理系统",基于 BIM 技术建立"工业遗产 BIM 信息模型";为该工业遗产的研究、监测、保护规划编制、保护工程和改造设计提供重要的基础数据。

第三节　国内外既往研究综述

本书研究对象为"我国工业遗产信息采集与管理体系"。

首先,由于工业遗产属于新型遗产,世界范围内相关的案例较少,因此将研究综述的范围扩展到文化遗产领域。

其次,信息采集与管理的两大问题:一是信息的内容(采什么),二是技术(怎么采,怎么管)。信息的内容是核心问题,取决于信息采集与管理的目的,对工业遗产的认知;技术是生产力工具,可分为信息采集的技术和信息管理的技术,信息采集技术属于测量、测绘学科的范畴,具有极高的专业性。因此,本书将解决我国工业遗产信息采集与管理体系建构的核心问题,即信息的内容。首先确定体系各层级信息采集与管理的内容,并对其进行标准化研究,然后制定了一系列标准化的"信息采集表"、信息管理系统的数据库框架和功能、BIM标准族库,最后进行了实践和应用研究。

本书研究综述将从信息采集与管理的内容及标准以及信息管理的技术与应用这两个角度出发进行论述。

一、国外综述

(一)世界遗产的信息采集与管理

1. 世界遗产申报的信息采集要求

世界遗产的信息采集要求体现在申报材料当中。其具体内容可见《世界遗产操作指南》申报材料格式"。申报材料主要包括"执行摘要"和"申报列入《世界遗产名录》的遗产材料"(以下简称为申报列入材料)两部分。执行摘要是对申报遗产基本信息的描述性材料,其信息包括三部分:①申报遗产的地理位置以及空间范围:申报遗产的所在缔约国、省份或地区、名称、地理经纬度坐标、保护范围介绍、平面图(包括保护范围和缓冲区);②申报遗产的突出普遍价值:列举遗产申报符合的"突出普遍价值"及其说明,包括综述、符合标准理由、完整性声明、真实性声明、保护和管理要求;③当地官方机构名称和联系方式:机构名称、地址、电话、传真、电子邮件、网站等(表1-2)。

执行摘要内容	内容
申报遗产的地理位置及空间范围	申报遗产的所在缔约国、省份或地区、名称、地理经纬度坐标、保护范围介绍、平面图（包括保护范围和缓冲区）
申报遗产的突出普遍价值	列举遗产申报符合的"突出普遍价值"及其说明，包括综述、符合标准理由、完整性声明、真实性声明、保护和管理要求
当地官方机构名称和联系方式	机构名称、地址、电话、传真、电子邮件、网站等

"申报列入材料"是申报材料最重要、最详细的部分，主要包括：①遗产的辨认；②遗产描述；③申请列入理由；④保存情况和影响遗产的因素；⑤遗产的保护与管理；⑥监测；⑦文献清单；⑧负责机构及联系方式；⑨缔约国代表签名。

通过对"申报列入材料"的内容详细研究可知，世界文化遗产申报材料的准备，是对该遗产全面的信息采集工作。采集的内容以评估、保护遗产的"突出普遍价值"为主要目的，所采集信息可分为以下四大类：①遗产基本情况：空间位置、历史沿革等；②以遗产物质本体为载体的信息：基于物质本体所进行的价值、真实性、完整性的阐述；③保护及管理情况：保护措施、面临危险、管理体系、旅游开发等；④文献资料汇编：文字、图像、影像、组织人员资料。前两者的信息主要以遗产本体及周边环境的物质要素为载体，后两者的信息来源更多的是以现有法规、制度、规划文本、历史文献、图像、影像等为载体。

"申报列入材料"所包含的信息有以下三个特点：①以陈述遗产的突出普遍价值以及真实性、完整性为前提，对这些信息的载体进行全面的信息采集；②"申报列入材料"对遗产信息的收集极为全面，世界遗产的申报要求缔约国不仅应阐明该遗产的价值，还应该证明它可以得到有效的、可持续发展的保护、监测与开发。因此，其申报材料除了包括对文化遗产本身各类信息的全面采集之外，更包括了对该遗产保护、开发的规划、法律、规章制度、人员配备等信息，以确保遗产保护的顺利实施；③材料中对遗产的空间定位坐标数据有数字化的要求，以便录入 GIS。

执行摘要是申报遗产的基本信息的描述性材料，"申报列入材料"是对遗产信息的全面采集，专业性更强。这种在信息深度上的"两级式"分类对工业遗产的信息层级具有一定参考价值。

2. 世界遗产中心网站的世界遗产名录信息系统

1992 年，为了更好地支持世界遗产的保护工作，联合国教科文组织成立了世界遗产中心。1994 年 3 月 1 日，世界遗产中心网站域名注册建立，网址为 http：//whc.unesco.org/；网站内容包括世界遗产重要新闻、通知、历年相关文献、相关视频、音频等，但其最主要的功能是世界遗产名录的信息管理和可视化展示。世界遗产名录（World Heritage List）信息系统的页面所包含的功能主要有：①世界遗产名录（网络电子地图版），基于 Google 网络电子地图，将世界遗产"点"的空间信息在上面进行标注，通过对地图上遗产点的点击，可进入遗产介绍网页；②世界遗产各类型数量统计，实时统计了全球世界遗产的总数、各分类数量、被除名数量等；③世界遗产名录（文字版），点击按钮可以链接到遗产介绍页面；④更改世界遗产名录（文字版）排序方式，包括国家、大洲、年份、名称等；⑤全球世界遗产数据统计可视化分析，点击可进入分析统计数据页面，包括文化、自然、混合类型数量统计、各大洲数量统计、历年增加数量统计等可视化分析；⑥世界遗产名录（电子地图版）图例，包括文化遗产、自然遗产、混合遗产、处在危险中的世界遗产等。

遗产的介绍页面以我国著名世界文化遗产西藏拉萨布达拉宫历史建筑群为例，对页面内所包含的文化遗产信息进行研究，其主要内容包括：①文化遗产简介，包括空间位置信息：国家，地区，省份，城市，经纬度坐标；遗产编号；提名时间，范围扩展时间；符合的突出的普遍价值；保护范围面积，缓冲区面积；简述：包括历史沿革，保护现状，突出普遍价值依据等。②地图，包括网络电子地图的坐标点信息，保护范围及缓冲区平面图信息等。③相关文档，包括与该遗产相关的评估报告、决议、保护状态报告等。④现状展示，多为以照片的形式展示文化遗产的保护现状。⑤历年关注趋势，通过对该文化遗产在世界遗产会议或文件中被提及次数的统计，来说明该遗产的关注度或存在问题的多寡，次数越高表明受关注度越高或存在问题越多，具体情况如表 1-3 所示。

世界遗产名录网络信息系统中所包含的世界文化遗产信息　　表 1-3

遗产简介	地图	相关文档	现状展示	历年趋势
空间位置信息：国家，地区，省份，城市，经纬度坐标，遗产编号；提名时间，范围扩展时间；该遗产符合的突出的普遍价值；保护范围面积，缓冲区面积；简述：包括历史沿革，保护现状，突出普遍价值依据等	包括网络电子地图的坐标点信息；保护范围及缓冲区平面图信息	包括与该遗产相关的评估报告、决议、保护状态报告等	包括该遗产的现状展示，多为现状照片	包括该文化遗产在世界遗产会议或文件中被提及的次数，次数越高表明受关注度越高或存在问题越多

世界遗产名录信息系统基于 webGIS 信息化技术将世界遗产点标注在 Google 网络地图上，实现了遗产的信息化和分析统计的可视化；系统包含的

信息较为简明概括，是对各个世界遗产的突出普遍价值、所在地、遗产范围、现状等情况的介绍性描述，旨在宣传、推广世界遗产保护理念。其信息的深度比执行摘要的层级更浅，涉及的信息较基础。对我国工业遗产全国基本信息管理系统的建构具有重要的借鉴意义。

3. 柬埔寨吴哥窟管理规划中 GIS 技术的应用

1992 年，在文化遗产保护管理中对计算机辅助的应用方面迈出了具有重大价值的一步。柬埔寨吴哥窟遗址于 1992 年 12 月列入世界遗产名录，同时也被列入濒危状态的遗产目录中。为了保护该遗址，柬埔寨政府明确划定了遗址的边界及其缓冲区域，并建立立法行政管理部门。联合国教科文组织应邀协助柬埔寨政府采取措施，派遣专业人员编制吴哥窟分区及环境管理规划（Angkor Wat Zone & Environmental Management Planning，以下简称吴哥窟分区规划）。该规划的目标是描述和评估该地区的文化遗产资源和自然资源，并且提出分区和管理准则以改善该地区经济及社会状况，保护吴哥窟当地的地上以及地下文化遗产[21]。

依据上述目的和要求，吴哥窟分区规划进行了相应的信息采集，其内容如表 1-4 所示。主要包括历史建筑和考古遗址信息（图 1-2）、基础设施信息、土地利用性质和植被信息、水文信息、人口信息、土壤、地质和地形信息等。

吴哥窟分区规划信息采集内容　　　　　　　　　表 1-4

信息名称	详情
历史建筑和考古遗址信息	对现存的遗址清单、航空照片的解读结果结合遗产现场调研，可获得一幅标明遗址位置的地图
基础设施信息	包括公路、铁路和小径，资料是从当地 1968 年绘制的地形图中获得，将其数字化
土地利用性质和植被信息	从航片上可以获得土地利用和植被类别图。因信息过于详细，难以在项目规定的时间内数字化，故对研究区的卫星影像信息进行截图，从中获得土地利用和植被覆盖图。土地利用图包含 14 类土地利用类别，植被覆盖图包含 26 种植被
水文信息	先从地形图上把包括河流、小溪、湖泊和不规则水道在内的水文特征数字化，然后应用航空照片更新水文特征信息
人口信息	从航空照片上统计研究区内房屋的数目，在每个居住区和村庄的中心处标记为要素点，以便信息录入，并记录每个居住区内房屋数目。将每户的人口数与房屋数相乘，就可获得每个居住区人口的数目
土壤、地质和地形信息	现存 1∶50 万比例尺的地图上获得土壤和地形图

信息采集并录入 GIS 数据库之后，项目组基于数据库对吴哥窟的现状进行了评估，项目主要包括：遗址本体、水文情况、人口情况、土地利用性质和植被等。

柬埔寨吴哥地区考古遗址及建筑分布图

图 1

吴哥地区分区与环境管理规划

考古遗址

图例

☐ 考古研究区域边界
⋯ 考古遗址
—— 等值线，50m
—— 常年河流，防洪沟，护城河
—— 国道
—— 省道

比例 1：300 000

图 1-2 吴哥窟考古遗址图
图片来源：《地理信息系统与文化资源管理：历史遗产管理人员手册》

最后，对吴哥窟的 GIS 数据管理系统进行了建构，在本项目中，支撑了保护区的划定，提出能够确保遗址内自然和文化资源得到恰当保护的边界，并被柬埔寨政府采纳。

世界遗产中心专家在柬埔寨吴哥窟分区规划中 GIS 技术的应用，针对吴哥窟及周边环境的特点，对区域内的已知遗址、潜在遗址、土地性质、水文、植被、生物多样性、人口分布、地形等条件进行了详细的信息采集和管理，贯穿了现场勘查、信息管理、后期评估、规划编制整个过程并获得政府肯定。虽然其中水文、植被等项目具有特殊性，但这次应用体现了 GIS 技术在遗产保护领域的适用性，其数据库整体框架对工业遗产文物保护单位的信息采集与管理系统建构具有一定的指导意义。

（二）英格兰建筑遗产的信息采集与管理

1. 英格兰建筑遗产的信息采集层级划分

英国建筑遗产的记录分为国家层面（NMR）和地方层面（HERs）。为了指导建筑遗产的信息采集与管理，英国出版了一系列相关著作和官方指南，目前最新版本为 2016 年 5 月由英格兰文化产业主管机构"历史英格兰"（Historic England，简称 HE）出版的《了解历史建筑——记录实践指南》（*Understanding Historic Buildings—A Guide to Good Recording Practice*），如图 1-3 所示。该书

图1-3 《了解历史建筑——记录实践指南》封面

中将英国建筑遗产的记录工作按照信息的详细程度分了四个层级[22]。

（1）层级1（Level 1）基本的"视觉记录"（visualrecord）

该层级所包含的内容为肉眼可直接观测的信息，并以最基本的建筑位置、始建年代、类型信息作为补充，该等级的调查一般只在遗产外部进行，如果条件允许，可以绘制草图。层级1是最简单的信息采集，通常不是为了对历史建筑本身的研究，而是为了更宏观的研究。层级1内容如表1-5所示。

层级1内容 表1-5

分类	内容
文字	建筑名称、位置（最好是经纬度坐标）、类型、年代
照片	包括建筑周围环境的建筑形象照片
草图	草图（若情况允许），平面，立面粗略草图

（2）层级2（Level 2）"描述性记录"（descriptive record）

该层级所适用的情况与层级1类似，也是进行宏观研究中应用，但适合需要更多信息的情况。层级2的信息如表1-6所示。

层级2内容 表1-6

分类	内容
文字	建筑名称、位置（最好是经纬度坐标）、类型、年代；更详细的描述比如建筑形式、功能、建筑师、施工公司、投资人、业主等
照片	1. 包括建筑周围环境的建筑形象照片； 2. 建筑室内典型房间和交通空间的照片
草图	1. 建筑平面和高度尺寸； 2. 如需要，可测量建筑装饰细节； 3. 周边的地形地貌

（3）层级3（Level 3）"分析性记录"（analytical record）

第3层级将包括上述的介绍性描述，然后对该建筑的历史沿革、功能等进行系统的分析描述。这个等级的信息保护测绘图纸和摄影记录，以说明建筑的外观和结构，并以此支持历史分析，总体而言，层级3的信息采集更关注建筑遗产本体的相关信息，对周边环境、相关人、非物质等信息关注较少。其信息采集的内容如表 1–7 所示。

层级 3 内容　　　　　　　　　　　　表 1–7

分类	内容
文字	1. 建筑的精确位置，经纬度定位，建筑基址形态； 2. 调查日期，调查者的名称，档案文件的存放地，建筑类型以及用途的摘要（包括历史上曾经的和当前的情况）； 3. 对建筑本体检查而得到的建筑的材质和其年代，建筑的形式、功能、年代以及发展脉络，建筑师、出资人、资助人、业主姓名等； 4. 记录创建情况介绍——目标、方法、范围和局限性； 5. 建筑以及其设备的出版资料的总结； 6. 对建筑本体的结构、材料、布局情况和各发展阶段进行全面描述； 7. 对建筑本体以及局部的各历史阶段的使用情况进行描述； 8. 对于早期曾经存在而现今已经被毁坏或被更改的结构与设备的情况进行描述； 9. 所有参考资料名录（插图或图表的目录说明，可找到的专业报告的概要，建筑、设备的历史沿革，对于进一步调研、文献搜集、地下遗址的评估，历史性地图、图纸、照片，建筑的其他记录，各类文献资料中的信息，建筑术语等）； 10. 参与人员介绍及致谢
照片	1. 建筑周围环境的建筑形象照片； 2. 最初的设计师或施工人员的设计意图； 3. 建筑设计、结构、装饰细节； 4. 典型房间和交通空间照片； 5. 车间、设备早期情况描述，设备的日期标识，铭牌； 6. 建筑附属设备； 7. 各时期和建筑发展或场地环境有关的地图、图纸、照片等
测绘图	1. 建筑的各位置剖截面来说明建筑内的垂直关系，建筑装饰的形式； 2. 测绘平面图，按比例并详细标注； 3. 立面图； 4. 总平面图识别照片的位置和内容的平面图； 5. 早期图纸； 6. 三维轴侧图； 7. 改造图纸和各阶段性图纸； 8. 用以说明材料（工艺流程）的运作等用途的图表

（4）层级 4（Level 4）"全面性记录"（comprehensive analytical record）

层级 4 适用于对特别重要的建筑遗产的全面分析记录。鉴于层级 3 所采用的分析和解释将从结构本身推断出建筑物的历史，层级 4 的记录将利用关于建筑所有其他来源的资料，并讨论其在建筑、社会、区域或经济历史方面的意义。附图的数量和范围也可能大于其他等级。具体成果如表 1–8 所示。总的来说，其信息采集的内容与层级 3 的差别主要有两点，一是对社会、经济背景及周边历史环境的信息采集；二是对与建筑相关人、组织等进行访谈，对相关人承载的信息进行采集。

《了解历史建筑——记录实践指南》一书对英国历史建筑的信息采集的层级和

分类	内容
文字	其他内容与等级 3 相同 9. 所有参考资料名录（插图或图表的目录说明，可找到的专业报告的概要，建筑、设备的历史沿革，对于进一步调研、文献搜集、地下遗址的评估，历史性地图、图纸、照片，建筑的其他记录，各类文献资料中的信息，对建筑历史环境脉络进行调查，对建筑师、业主、出资人和其他熟悉建筑的人员进行采访，建筑术语等）
照片	内容与等级 3 相同
测绘图	内容与等级 3 相同

内容进行了详细的分级和描述。总体而言，该分类等级分为两个层面，一是宏观层面，包括层级 1 和层级 2；二是个体层面，包括层级 3 和层级 4。但经过研究，四个层级的含义又不尽相同，层级 1 所采集的进行非常简单，包括名称、年代、地址等基本信息，条件允许可绘制草图或拍照；该等级适合遗产的全国基本信息管理系统的建设。层级 2 的信息量更大，适用于遗产的普查和信息管理系统的建设。层级 3 和层级 4 的主要区别在于对建筑周边历史环境、社会、经济等背景以及相关的建筑师、业主等相关人员的访谈等信息的采集之上。但近年来，随着人们对文化遗产保护意识的增加，遗产的范围不断拓展，遗产纳入更广阔的背景之下，已成为一种共识。这种背景不仅包括遗产周边的物质空间，也包括社会、经济等大环境。因此，对某重要的遗产进行详细的调查时，层级 3 的意义越来越弱化，建议在工业遗产的信息采集体系中对层级进行精简优化。优化后的体系中，包含 3 个层级：层级 1 为国家层级信息，包括工业遗产的名称、行业、地址、年代等基本信息，条件允许可加入照片或草图；层级 2 为城市层级信息，适用于工业遗产的普查工作，包括工业遗产基本信息，以及生产工艺流程、重要建（构）筑物、设备、厂区环境、相关文献、负责人、联系人、测绘图、照片等信息；层级 3 为遗产本体层级信息，适用于重要的工业遗产的遗产本体层级工作，需要对工业遗产的社会背景、遗产本体、周边环境、相关文献、相关人、组织、工艺流程的演化变迁等信息进行全面细致的信息采集，用于文物的建档、检测、保护等工作的实施（图 1–4）。

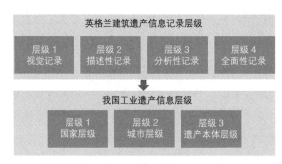

图 1–4　英格兰建筑遗产和中国工业遗产信息采集层级对比图

2. "英格兰国家遗产名录"信息管理系统

2011 年,"历史英格兰"在 NMR(National Monuments Record,英国国家层面遗产保护体系)的数据基础上整合而成的英格兰国家遗产名录(The National Heritage List for England,简称 NHLE),英格兰国家遗产名录是目前英格兰唯一官方的文化遗产名录。基于该名录,"历史英格兰"在其官方网站上建立了"英格兰国家遗产名录"信息管理系统(其后简称英格兰遗产系统),并向公众免费开放。截至 2018 年 1 月,名录中共有各项文化遗产超过 45 万项,其中有工业遗产 45000 项[23]。该数据库仍处于不断更新中。

英格兰遗产系统的数据库包含两大部分,一是供大众进行网页浏览的网络地图,二是可供研究者、城市规划、文化遗产保护相关从业人员下载的 NHLEDatabase 数据库,提供各类遗产数据的 ArcGIS 软件的 .shp 类型的文件下载。

网络地图(图 1-5)功能包括电子地图检索、文化遗产相关介绍、新闻发布、丰富遗产名录(Enrich the list)等主要功能。其电子地图功能由美国环境系统研究所公司(Esri 公司)和诺基亚开发的 HERE 网络电子地图提供技术支持。美国 Esri 公司是世界最大的地理信息系统技术提供商,目前最普遍的地理信息系统软件 ArcGIS 就是其产品。该网络数据库可供大众方便地查询遗产的相关信息,并通过"丰富遗产名录"功能,面向大众收集遗产信息,充分调动公众的参与性。但也存在较明显的缺点:一是公开信息极少,只有文化遗产位置点、名称、保护级别(分三类)、遗产编号(List UID)和英国国家地质数据库编码(National Geological Repository,简称 NGR),以及部分文化遗产照片。二是分类不清,在该网络地图中各遗产类型没有清楚标识,无法分辨。

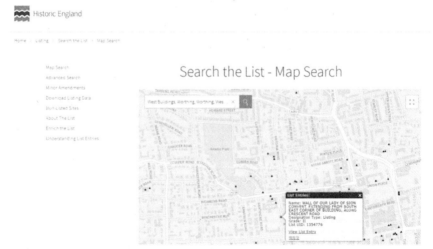

图 1-5 NHLE 网络电子地图数据库包含信息
图片来源:https://historicengland.org.uk

The Listing Datasets held by Historic England are available for download via the Internet. The data is suitable for use in a Geographic Information System.

Other digital data, such as background mapping, is not included.

The following datasets are available for download in zipped folders containing ESRI shapefile format files

- Listed Buildings
- Scheduled Monuments
- Registered Parks & Gardens
- Registered Battlefields
- World Heritage Sites
- Protected Wreck Sites
- Heritage At Risk

Please note that by downloading data you will be accepting the Terms and Conditions which appear on the next page.

图 1-6 英格兰国家遗产名录 GISData 下载系统
图片来源：https://historicengland.org.uk/

　　NHLEDatabase 数据库（图 1-6），下载的文件格式为 GIS 软件通用的 .shp 格式文件，提供的空间要素类型以要素点和面要素为主。与网络地图相比，该数据库将遗产类型进行了分类，供使用者分别下载。其数据主要包括：古战场（面要素）、登录建筑（点要素）、在册古迹（面要素）、受保护残骸（面要素）、世界遗产（面要素）、公园和文化景观（面要素）、2017 年处于危险的文化遗产名录（点要素）等。但其属性表所包含的信息要少于网络地图，仅包括坐标点、名称、保护级别、遗产编号和英国国家地质数据库编码（图 1-7）。英国国家地质数据库编码是英国特有的地理空间位置标识系统，与全球通用的 W1984 坐标系不同。

　　"英格兰国家遗产名录"信息系统集合了信息发布、基于网络地图的遗产可视化展示等功能，并建立了相应的公众参与系统等，大大增加了公众对文化遗产的了

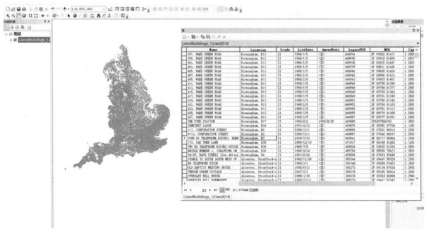

图 1-7 下载后在 ArcGIS 软件中的英格兰国家遗产名录 GISData

解，也极大地扩展了文化遗产信息采集的途径，虽然公开的信息较少，但瑕不掩瑜。这对我国工业遗产乃至文化遗产的信息公开服务方面而言，具有极高的借鉴价值。

3. BIM 技术在英格兰建筑遗产管理中的应用

2017 年，"历史英格兰"出版了《遗产 BIM：如何建构历史建筑 BIM 信息模型》（*BIM for Heritage：Developing a Historic Buikding Information Model*），对 BIM 技术的概念、在建筑遗产中的应用进行了阐述，提出了"三维扫描到 BIM 模型"（Scans to BIM）的工作流概念。文中对建筑遗产的 BIM 信息模型的建模深度的标准进行了探讨，书中列举了 AEC（UK）BIM Technology Protocol（英国建筑、工程、结构行业 BIM 技术标准）对细节等级（Level of Detail，LOD）的 6 种分类，包括：象征（Symbolic）、概念（Conceptual）、通用（Generic）、特殊（Specific）、用于建造和渲染（For Construction/Rendering）、拟建筑（As Built）；以及《文化遗产测量规范》（*Metric Survey Specifications for Cultural Heritage*，*Andrews*，2015）中的四类 LOD 分类（表 1-9）。

《遗产 BIM》中对 BIM 信息模型标准的讨论   表 1-9

AEC（UK）LOD 分类	《文化遗产测量规范》LOD 分类
LOD1：象征，象征的体块	—
LOD2：概念，表征模型的类别和外轮廓尺寸	Level1：调查建筑物 / 构筑物的基本轮廓，无需建筑细节
LOD3：通用，大致的尺寸，2D 建筑细节	Level2：调查建筑物 / 构筑物的主体结构
LOD4：特别，准确尺寸，充分表现建筑的构件和材料	Level3：调查建筑物 / 构筑物的结构、构件的特征
LOD5：用于建造和渲染，准确表达建筑的设计和构件要求，包含专业信息、3D 的细节	—
LOD6：拟建筑，依照建筑实际情况建模，反映建筑的实际情况，如柱子的偏移等	Level4：对建筑物 / 构筑物的所有细节的调查，包括所有的建筑细节、附属构件等的材料类型等

书中也指出，对于建筑遗产，所面临的信息量要远大于新建项目，要做到包含建筑遗产全部信息的 BIM 信息模型几乎是不可能的。因此，要针对项目制定可选择的 BIM 信息模型标准。

（三）英国工业遗产普查与信息管理

1. 英国工业考古学会《工业遗址记录索引：工业遗产记录手册》研究

对于工业遗产的关注最早起源于第二次世界大战结束后的英国，1973 年，英国成立了"工业考古协会"（Association For Industrial Archaeology，简称 AIA），继续推进英国"工业考古学"的研究。"工业考古协会"在 1993 年出版《工业遗址记录索引：工业遗产记录手册》（*Index Record for Industrial Sites*，

Recording the Industrial Heritage, *A Handbook*，作者：迈克尔·雷曼（Michael Trueman），朱莉·威廉姆斯（Julie Williams）简称 IRIS。IRIS 出版的目的为"提高当时工业遗产在英国 SMRs（现在已更名为 HERs，英国地方层面遗产保护体系）和 NMR 中的记录水平。"IRIS 普查表主要记录的信息为"工业时代遗存下来的建（构）筑物、纪念物、环境等要素的实体信息与内在信息，那些处在危险中的工业遗存尤为重要。"[24] 1998 年，英国工业考古学会建立了工业考古数据库，使用 IRIS 的标准将其成果按统一标准进行了数字化处理，其成果直接对接现在的英格兰国家遗产名录（ENHL）。但该数据库不对外公开，其体系结构不得而知。

IRIS 是英国工业考古学会在英格兰古迹学会（RCHME）的建议下编制的，其主要原因是在当时的英国，各地文物保护机构对工业遗产的认知不统一，造成普查中信息采集所采用的标准差异很大。英国工业考古学会在英国工业遗产的调查和保护中起着重要的作用，因此希望通过 IRIS 的编写，为全国工业遗产的普查提供统一的标准，将普查成果录入统一的计算机系统中，并允许公众方便地在电脑上查阅这些信息；英国工业考古学会也试图将这些数据用于工业遗产的评估与保护当中。某种程度上，1993 年英国的这种情况与我国目前工业遗产在信息采集与管理方面遇到的困难极为相似。

IRIS 是一本指导工业遗产普查的操作性手册，其主要部分包括：表格及填写说明、附录。

（1）表格及填写说明

IRIS 在表格的设计中，运用了厂区（Site）、要素（Component）的分类方式。举例说明：核电站为厂区，而其中如反应炉、大坝等为要素。可以说，厂区指的是工业遗产的物质边界内的整体概念，而要素指的是其中的建（构）筑物、设备等。

填写说明中指出，IRIS 表格中并非所有内容都必须填满，必填的内容为具有下划线的项目，而没有具有下划线的项目可以不必填写。

如图 1-8 所示，表格内容包含表格和照片（草图）两部分。表格部分共包含两页，7 个子项（Box），其内容可分厂区基本信息（Box1，Box2，Box3 和 Box5）、要素基本信息（Box4，Box6）以及补充信息（Box7）。对各子项的内容进行翻译，具体如下：

Box1：包含工业遗产名称、地址、区（District）、镇（Township）。均为必填项目。

Box2：包括工业遗产编号，共包含三位由郡名缩写（County Abbreviation）/调查组织缩写（如 AIA）/加三位连续数字代码。均为必填项目。

Box3：包括工业遗产的中心坐标点。这里可以标明两个坐标点，因为考虑

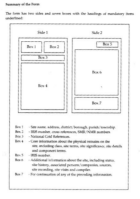

图 1-8　IRIS 表格扫描图片

图片来源：《工业遗址记录索引》（IRIS）

到例如铁路、运河等线性工业遗产的存在，应标明两端端点的坐标。采用的坐标体系为英国国家坐标系（National Grid Reference）。均为必填项目。

Box4：包括必填项目，有行业类型、始建年代、重要性评价（地方、区域、国家、国际四个层级）、是否在危险中、工业遗产介绍（主要特征、使用能源等）等。可不填的项目为工业遗产要素情况，包括工业遗产中的重要建筑、机械设备的编号，记录名称、功能；重要性评价（高、中、低）；保护等级（登录建筑、在册古迹、监护古迹、不是保护单位）等。

Box5：工业遗产编号，因它是第二页的开头，因此又对编号进行了填写。

Box6：其他重要信息，包括工业遗产历史、工业遗产相关联系人。

Box7：填表人姓名及时间。

总体而言，IRIS 表格的内容对工业遗产的基本信息、建（构）筑物和设备遗产的信息进行了采集，对工业环境、生产工艺流程、相关文献等关注度较低。

（2）附录

附录中最重要的内容是英国工业遗产行业分类，该分类根据英国的工业发展情况，采用了两级分类的模式，共包含能源、食品、包装、金属冶炼、采矿、机械加工等 17 个大类，每个大类共有若干小类，合计 104 小类。

该行业分类在编排结构上对我国工业遗产的行业分类具有一定的指导意义，但是由于两国国情不同，工业发展的道路不同，又有很多不适宜的地方，例如烟草生产在我国近现代是较为发达的产业，英国的分类中就没有；再如，我国在 1949 年之后大力发展的航天、军工、电子等类型的工业遗产在其中没有体现。

（3）IRIS 经验总结

IRIS 调查表是在 1993 年的时代背景之下，为了统一英国各地工业遗产普查标准而制定的。其目的是实现标准化与数字化。内容翔实，逻辑清晰，对我国工业遗产普查表的编制具有重要的借鉴价值。但也存在很多的问题。

首先，主要可借鉴之处，一是表格的主体结构、工业遗产厂区、要素的两级式设置等具有合理性；套用在本研究中，厂区即为工业遗产整体，要素即为工业建（构）筑物、设备等，可以进行借鉴；二是英国是工业革命的发祥地，其工业历史悠久，该表中行业分类的结构和部分内容可以借鉴，但应该结合我国的具体工业分类情况；三是表格内尽量避免使用者填写内容，在始建年代、重要性、价值、保护等级等多处采用勾选的方式，可大大提高工作效率和准确度。

其次，是其存在问题之处，一是表格在综述中提出使用人是各地社区、遗产保护团体的志愿者，并非都是相关专业的专家学者，但在表格中设置了大量价值评估的内容。由于志愿者们不一定都具有相关的学术背景，这种背景也不可能通过短期培训获得，因此，在普查表中设立评估机制，有可能造成错误的判断，这是有待商榷的做法。二是表格的内容未对工业环境以及生产流程、组织等非物质信息进行关注，在我国工业遗产普查表中应加以补充。

2. 英国北方矿业研究学会网络信息系统研究

虽然英国工业考古学会在 IRIS 的论述中表明工业遗产普查最终的结果是基于计算机建立统一的信息管理系统，并提供公众的查询服务。但实际情况是，截至 2018 年 9 月，并没有证据表明该系统的存在。目前，在英国，北方矿业研究学会网络信息系统是工业遗产信息管理系统的最典型的案例。

英国北方矿业研究学会是英国国家矿业历史协会（National Association of Mining History）的创始机构，成立于 1960 年，原名北方矿洞及矿山学会（the Northern Cavern & Mine Research Society），1975 年更名为英国北方矿业研究学会。目前该学会是英国最大的矿业历史学会，研究对象包括英格兰、苏格兰、威尔士、北爱尔兰在内的所有煤炭、有色金属、铁矿、石油、天然气、采石等矿业遗址。该学会基于 Google 网络地图服务，建构了英国北方矿业研究学会网络信息系统。

英国北方矿业研究学会，自 1960 年成立起就开始了英国矿业遗产数据库的编制工作。最初以各遗产的纸质"索引"（a paper index of sites）的形式存在。从 20 世纪 80 年代后期开始，该数据库被录入计算机，开始了数字化过程，2003 年，又基于 GIS 技术完成了信息化。经过 50 多年的发展，该数据库几乎包含了英国所有的矿业遗产。

该网络数据库基于 Google 网络电子地图，包含了整个大不列颠群岛（包括英国和爱尔兰）的 36500 个矿场，其中煤矿矿场的数量最多，达到了 23000 多个；包含信息有：名称、类型、开始开采时间、终止开采时间、经纬度坐标（英国国家坐标系 NGR）、矿场历任所有者等。

英国北方矿业研究学会网络信息系统数据较完善，考虑到矿业遗产的特性，分类明确，对我国工业遗产信息采集与管理，特别是矿业遗产的——实践具有一定的指导意义。以煤矿为例，我国国土面积是英国的约38倍，储煤量约为英国的5倍，煤炭开采的历史可追溯到公元前500年的春秋战国时期。17世纪，《天工开物》一书中就曾系统地记载了我国古代煤炭的开采技术，包括地质、开拓、采煤、支护、通风、提升以及瓦斯排放等，说明我国古代时期煤矿的开采已成规模。但是，根据本文《中国工业遗产名录》统计显示，我国目前已知各类矿业遗产只有126处，仅占英国的0.3%，说明我国矿业遗产研究及其薄弱，建立工业遗产信息采集与管理体系，进行全国的工业遗产专项普查势在必行。

（四）美国文化遗产信息采集与管理

1. HABS、HAER 的信息采集内容

美国文化遗产的信息采集与管理起源于1933年美国国家公园管理局启动的"美国历史建筑测绘"（Historic American Buildings Survey，简称HABS）。1969年，国家公园管理局又启动了"美国历史工程记录"（Historic American Engineering Record，简称HAER），对有价值的历史工程和工业遗址等进行信息采集与管理。HABS和HAER的主管部门都是美国国家公园管理局；采集的执行机构分别是美国建筑师协会和土木工程师协会，采集以分区为单位进行，美国依据建筑密度等前提将全美划分为39个分区；信息管理统一由美国国会图书馆负责（Library of Congress）（图1-9）。

《HABS记录指南》是美国国家公园管理局对美国历史建筑调查所发布的指导性文件，最早颁布于1993年，2007年版为目前最新版。《HAER记录指

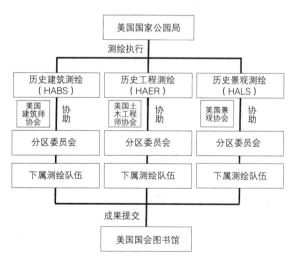

图1-9　美国文化及自然遗产测绘流程图

南》是美国国家管理局对美国具有重要价值的工程遗产调查所发布的指导性文件，最早颁布于 2008 年，2017 年版为目前最新版。HABS 与 HAER 的记录表表格格式、内容有诸多相同之处，因此，本部分研究以 HABS 为主，再对 HABS 和 HAER 进行对比。

HABS 所制定的历史建筑调查表有两种模式：一是简要调查表（Short format），二是大纲调查表（Outline format）。一个调查项目选择简要调查表还是大纲调查表，具体取决于调查目标的重要性、复杂程度、已知可用信息的详细程度以及分配给该项目的时间。但 HABS 也要求，每一处被调查的历史建筑必须完成简要调查表内的内容，并附以测绘图纸、照片。

（1）简要调查表

HABS 简要调查表以条目的形式存在，各地使用者可根据实际情况，在符合内容的前提下，做出适当调整，以形成标准化表格形式。该调查表可以在实地调查来使用。调查表的信息内容如表 1-10 所示。

HABS 简要调查表的内容 表 1-10

信息名称	详情
名称（Name）	名称本质是该表格的标题（heading）。一般包括全名和该建筑的 HABS 编号（如果有，编号一般为 XX-### 的形式，XX 为州缩写，### 为该建筑编号）
地址（Location）	城市或镇（City or town）、郡（County）和州（State）
重要意义（Significance）	列举其在国家或地方的历史重要性或其建筑方面的特色
描述（Description）	简要描述建筑的物理特征，如建筑风格、平面尺寸、门、窗、屋顶形式
历史（History）	包括始建年代、设计者、建造者、各时期的产权信息和使用者信息
信息来源（Sources）	列举信息的来源
即调查者（Historian）	包括作者姓名、身份、完成报告的时间
项目信息（Program Information）	调查的总结，包括测绘图、照片和历史报告，以及赞助商和合作组织的信息

HAER 简要调查表所包含信息与 HABS 基本一致，唯一不同的是增加了"最初业主"（Original Owner）和"目前业主"（Present Owner）的信息采集内容，更加关注了工程项目的权属问题。简要调查表包含了基本的普查信息。

（2）大纲调查表

HABS 大纲调查表的内容包括：抬头、历史信息、建筑信息、信息来源四部分，主要内容详见表 1-11。

根据表 1-11 内容可知，HABS 的大纲调查表内容非常详细，涵盖了建筑遗产的历史、本体、环境、相关人，物质和非物质的详细信息。应该说，在目前的研究视野下，HABS 大纲调查表已经涵盖了所有与建筑遗产相关的内容。对于建筑遗产而言，是真正的"全面采集"。

信息名称	详情
抬头（The Heading）	名称、地点、所有者／居住者（Present Owner/Occupant）、用途（Presnet Use）、重要意义、调查者、项目信息。内容与简要调查表相同
历史信息（Historical Information）	1. 物质历史（Physical History） 包括:建造时间;设计师;历代所有者，使用者和功能（Original and subsequent owners, occupants, uses）;建筑商、承包商、供应商信息（Builder, contractor, suppliers）;原始平面图和施工（Original plans and construction），应描述原始图纸、照片，可借助过去使用者的访谈来对其原貌进行描述;改建或扩建（Alterations and additions），应包括改建或扩建的时间，以及当时建造的材料、负责人的描述;可尽量收集旧照片、图纸来说明问题。 2. 历史背景（Historical Context） 本节扩展了报告开头的言简意赅的历史陈述，在国家、区域和地方历史以及建筑历史的大背景下判断该建筑遗产的历史价值
建筑信息（Architectual Information）	1. 一般概述（General statement） 建筑特色（Architectural character），这是对建筑价值和建筑特色的描述,特别强调不寻常或罕见的特征;结构状况（Condition of fabric）:对建筑物结构情况进行描述和评估，更确切地说，这部分要求在研究时对建筑物的整体状况进行全面的评估。关于具体特征的信息可以在适当的标题下列举。 2. 外观描述（Description of Exterior） 整体尺寸（Overall dimensions），对整体布局和形状进行描述，尺寸精确到英寸。 基础（Foundations），包括材料、厚度、防水。 墙（Walls），包括整体装修材料和立面的装饰性特征，如墙角、隅石（Quoins）、壁柱（Pilaster）等,应当注意建筑的粉刷材料、石材类型、产地等。 结构系统框架（Structural system framing），对结构体系的全面描述是很重要的，因为这些信息往往不是很明显，注意墙壁类型，如承重或幕墙、地板系统和屋顶框架。 门厅，门廊，阳台，柱廊，隔板（Porches, stoops, balconies, porticoes, bulkheads），描述这些细节位置，在每处主要门廊的地方选取一段进行描述。 烟囱（Chimneys），包括材料、数量、性状及位置。 开口（Opening），包括门、窗户、百叶窗，描述其位置、装饰、类型。 屋顶（Roof），包括其材料、形状，屋檐的材料、形式、排水系统，天窗、塔楼的位置、数量和其他描述。 3. 室内描述（Description of Interior） 平面图（Floor plans）:如果有测量图纸或草图，请简要描述总体布局。如果没有图纸，文字描述应更具体些。从最低楼层开始一直到顶层，如果两个或多个楼层相同，请结合说明。如没有测绘图纸请附草图。 楼梯（Stairways）:包括位置、扶手、栏杆、装饰特征。 地板（Flooring）:包括材料、抛光和颜色，描述地板砖的宽度和方向。 墙面及顶棚表面处理（Wall and ceiling finish），包括材料、镶板、颜色、壁纸，并注意装饰细节。 开口（Opening），包括门，描述特征类型，包括镶板、颜色、面层和装饰等。 窗户:包括任何显著的内部窗户装饰，讨论自然光的特点和借用其他内部空间光线的情况。 （室内）装饰特点（Decorative features and trim），包括上面没有提到的木制品、橱柜、内部装潢、壁炉处理，以及显著的装饰特征。并描述它们的特定材料和位置。 五金零件（Hardware），描述原始的或显著的铰链、旋钮、锁、插销、窗户五金和壁炉五金，并标明位置。 机械设备（Mechanical equipment）:暖气、空调、通风，描述原系统和现有系统，以及其他感兴趣设备;照明，描述原有的灯具和感兴趣的灯具，表明其位置;管道，描述原始系统和任何感兴趣的系统。 原来的家具（Original furnishing）:描述该建筑历史上的样子，如家具、窗帘、地毯、原始的结构等。 4. 场地（site） 历史景观设计（Historic landscape design）:包括布局、特色、植被、步行道等历史景观。应描述其历史信息，如某些特征的年代。一般来说，本节是分析建筑物或构筑物与其周围环境的关系的场所。 附属建筑（Outbuildings）:包括对其附属建筑（如仓库等）包括各结构的位置和功能、历史信息的描述
信息来源（Sources of Information）	建筑图纸（Architectural drawings）:应注明图纸的时间和地点，如未按原图纸进行建造，也应注明，各时期的修复、改造图纸也要注明。 历史图片（Early Views）:包括照片、版画和其他图像;请注明媒体、艺术家、日期、出版商和板块大小，并给出照片所在位置以及购买信息等重要性的说明。如历史照片和现存不同请注明。 采访（Interviews）:包括被采访人的姓名、日期和地点。 参考文献（Selected Sources）:如果书面来源广泛，将它们分为主要和次要的。未出版的材料应该标注其档案位置，包括契据、存货等项目，人口普查、纳税记录、保险记录、手稿、信件、文件和历史社会。 尚未调查的可能来源（Likely Sources Not Yet Investigated）:此处列出本报告未提及的内容。 补充材料（Supplemental Material）:补充材料可以是图形或书面的形式出现，通常是放在报告的最后（版权许可）或在现场记录中

HAER 的大纲调查表内容和 HABS 基本相同，唯一不同的地方体现在第三部分，其名称为"结构 / 设计 / 设备信息"（Structural/Design/Equipment Information），内容的变化有两点：一是在建筑物信息中增加了大型烟囱、天窗等工业构筑物的信息采集内容，二是增加了对现有工业生产设备、生产工艺流程的信息采集内容。

相对于 HABS 而言，HAER 大纲调查表存在诸多问题：一是 HAER 在内容上基本"照搬"HABS 的内容，忽视了大量工业遗产所特有的特点，例如，照搬 HABS 大纲调查表内对"阳台、门廊"等在工业遗产中并不常见的建筑构件的描述，而对工业遗产所常见的一些构造形式，如"牛腿柱""吊梁"等没有提及；二是对于生产工艺流程的信息采集中，只着眼于"当下"，而没有提出对生产工艺历史变迁进行信息采集，这不利于对工业遗产科技价值的把握与评估。

2. HABS、HAER 的信息管理

美国 HABS 和 HAER 项目对遗产进行信息采集整理之后，将所有信息交于美国国会图书馆统一储存管理，国会图书馆负责登记、保存测绘图纸及各项档案，并负责向公众提供借阅、拷贝服务。目前，由于信息化的高速发展，这些信息可进入美国国会图书馆官方网站（http：//www.loc.gov）进行查询，截至 2018 年 1 月，共包含 43992 条遗产的信息。每个遗产包括调查表、照片、测绘图等全部信息采集的成果均可在这个网站上进行浏览（图 1–10）。

美国 HABS 和 HAER 项目信息管理系统最大的优点是完全公开，所有的信息采集成果都可以免费获取。然而，其缺点也显而易见，那就是仍采用数字化时代传统的网页链接形式对遗产信息进行组织，没有进行信息化处理。当然，由于美国对建筑遗产的信息采集活动始于 1933 年，很多成果年代久远，对空间信息的采集缺失，若想将遗产进行信息化管理，将会投入十分巨大的成本。

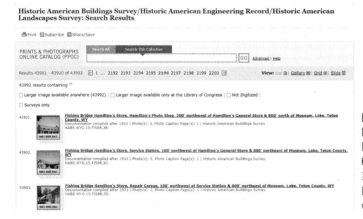

图 1–10 美国国会图书馆官方网站 HABS 和 HAER 信息管理系统网页
图片来源：http://www.loc.gov

（五）法国工业遗产普查与信息管理

1789 年法国大革命期间，为了防止重要的艺术品遭到破坏，法国了成立"古迹委员会"。1887 年，法国的文物建筑委员会颁布了法国第一部《历史纪念物法》，国家层面的遗产保护事业开展开来。法国文化遗产保护由中央政府的文化交流部（Ministdre de la Culture et de la Communication）下属的建筑与遗产司负责，在大区、省级设立相关的事务厅。

19 世纪 20—60 年代，法国开始了"法国工业革命"。"法国工业革命"在时间上稍晚于英国，对于工业遗产的关注，也稍晚于英国。1986—2011 年间，法国开始了全国工业遗产普查行动，该活动由政府主导，大区负责指导，以省为单位进行普查和信息的收集，目前已有 22 个省的工业遗产名录完成，21 个省的名单正在编制当中。最终将所采集的工业遗产名录上交于文化部。依靠这些数据，法国建立了工业遗产网络信息管理系统，并将其向公众公开。

法国工业遗产网络信息管理系统的主页以法国本土地图表示，以省为单位对法国工业遗产的普查结果进行展示。地图中通过填色的异同对各省是否进行过工业遗产普查进行标识。并标注了法国重要工业遗产聚居的区域。可惜的是，法国管理系统里的法国地图是图片格式而非地理信息系统格式。系统中将工业遗产分为建筑 / 遗址类遗产（édifice / site）和设备遗产（machines de production），目前，法国已知的工业建筑 / 遗址有 6669 项，设备遗产 992 项 [25]。管理系统中，包含所有遗产的普查信息，公众可直接查阅。

工业建筑 / 遗址的普查信息有：建筑或遗址名称（édifice/site）；地址（localisation），精确到所在大区、省、区和公路门牌号；始建年份（année）；建筑师（auteur（s））；历史沿革（historique）；现状描述（description）；保存状态（état）；产权所有（propriété）；遗产类型（type d'étude），该属性均为工业遗产（patrimoine industriel）；遗产编号（référence）；照片和测绘图等，如图 1-11 所示。

设备遗产所包含的信息包括：行业类型（technique）；名称（désignation）；地址（localisation）；工厂名称（édifice）；功能（dénomination）；材质（matériaux）；产品（structure）；说明（description）；尺寸（dimensions）；原真性（précision état），是否被修理翻新过；铭牌信息（inscription）；设计者（auteur（s））；产地（lieu de provenance）；年代（siècle）；历史沿革（historique）；所有者（propriété）；遗产类型（type d'étude），此处均为工业遗产；调查时间（enquête）；交付时间（date versement）；编号（référence）；设备照片，照片版权（crédits photo），如图 1-12 所示。

图 1-11　法国工业建筑／遗址遗产普查信息示例，里昂比安奇尼纺织厂页面

图片来源：http://www.culture.gouv.fr/public/mistral/

图 1-12　法国工业设备遗产普查信息示例，揉面机

图片来源：http://www.culture.gouv.fr/public/mistral/

　　对于法国工业遗产普查的信息采集内容而言，将工业遗产分为建筑／遗址、设备遗产两大类，并分别进行了普查，其中设备遗产的普查内容对《中国工业遗产普查表》的相关内容有较大启发。对其普查的内容进行分析，可发现存在以下几点问题：首先，直接在普查中将工业遗产分为建筑／遗址和设备遗产，而没有从"厂区"的层面去认知工业遗产，人为地割裂了建筑与环境、建筑与建筑、设备与设备的关系，不利于工业遗产（特别是工艺流程）完整性的保护，进而破坏了工业遗产的科技价值；其次，对工业遗产相关的组织、人所承载的非物质遗产关注度较少；最后，普查中没有采集工业遗产的空间数据，不利于今后的遗产信息化管理的建立。

　　法国管理系统与美国管理系统的优缺点几乎一样，所有的普查信息都公开给大众查阅，也是采用了传统的网页链接的形式进行组织，不过法国管理系统

	dpt	commune	adresse 1	titre courant	siècle(s)
🖼️📷	69	Lyon 1er arrondissement	Caillet (rue) 10 ; Vaucanson (rue) 4	usine textile dite Blanchini Férier, actuellement école maternelle et immeuble	20e s ; 20e s.
🖼️📷	69	Lyon 1er arrondissement	Chartreux (place des)	Usine de dentelle mécanique dit Ets Raffard fabrique de tulle puis Goutarel	20e s ; 20e s.
🖼️📷	69	Lyon 1er arrondissement	Croix-Paquet (place) 11 ; Calas (rue) 13 ; Gruber (montée) 5 ; Coste (rue) 43	usine textile dit fabricant de soieries Tassinari et Chatel puis fabrique de soieries	19e s.
🖼️📷	69	Lyon 1er arrondissement	Croix-Rousse (boulevard de la) 154 ; Pierres-Plantées (rue des) 2	Usine de parapluies et cannes Goyet puis Guiard	19e s.
🖼️📷	69	Lyon 1er arrondissement	Fiessales (impasse) 4 ; Prenelle (rue) ; Ornano (rue)	Lavoir municipal, bains douches, blanchisserie industrielle actuellement bains douches	20e s.
🖼️📷	69	Lyon 1er arrondissement	Fiessalies (rue) 26 ; Ravier (rue) 19	usine textile dit fabrique de tulle Minet et Bérard	19e s.
🖼️📷	69	Lyon 1er arrondissement	Général-Giraud (cours du) 41, 43, 49	École de tissage de Lyon dite Ecole supérieure du Textile puis Lycée Diderot	20e s ; 20e s.
🖼️📷	69	Lyon 1er arrondissement	Magnéval (rue) 5, 7	filature Hassebroucq (E. et G.) et Cie puis usine de teinturerie dite Ets Lyard, puis laboratoires Vétérilis produits vétérinaires, actuellement usine textile dite Patt S.A.	20e s.
🖼️📷	69	Lyon 1er arrondissement	Romarin (rue) 33	Usine textile dit fabricant de soieries J. Brochier et Fils	19e s.
🖼️📷	69	Lyon 1er arrondissement	Royale (rue) 31, 33	Tissage Aimé Baboin et Cie	19e s.
🖼️📷	69	Lyon 1er arrondissement	Saint-Polycarpe (rue) 7	Établissement administratif dit Condition Publique des Soies, actuellement bibliothèque et maison de la culture	19e s.
🖼️📷	69	Lyon 1er arrondissement	Saint-Vincent (quai) 6	grenier public dit grenier d'abondance puis gendarmerie nationale, actuellement direction des affaires culturelles de Rhône-Alpes	18e s.
🖼️📷	69	Lyon 1er arrondissement	Saint-Vincent (quai) 6, 8	Fonderie de cloches Gédéon Morel	19e s.
🖼️📷	69	Lyon 1er arrondissement	Sainte-Marie-des-Terreaux (rue) 3	Usine de produits pharmaceutiques dite Pharmacie Centrale de France puis gare centrale puis usine de confection puis théâtre, actuellement établissement de bains	19e s.
🖼️📷	69	Lyon 1er arrondissement	Tables-Claudiennes (rue des) 14	Usine de construction électrique dite la Rayonnante, puis cartonnerie dite Société anonyme de lisage de dessins, puis société de Véron de la Combe et Cie cartons perforés pour métier à tisser, actuellement immeuble de bureaux d'architecte	20e s.
🖼️📷	69	Lyon 2e arrondissement	Bichat (rue) 5 ; Rambaud (cours) 15	Arsenal dit ateliers de construction de Lyon, actuellement Gendarmerie et édifice logistique de la Police Nationale	19e s ; 20e s.
🖼️📷	69	Lyon 2e arrondissement	Charlemagne (cours) 90, 102 à 120	Usine de préparation de produit minéral Strelchenberger, actuellement Maison de la Culture de Perrache	19e s.
🖼️📷	69	Lyon 2e arrondissement	Condé (rue de) 35, 35bis	usine de matériel d'équipement industriel Mounier-Leglène puis usine de confection dite Bella bonneterie, actuellement usine de serrurerie Como-Ronis	19e s.

图 1-13 里昂工业遗产普查成果网页

图片来源：http://www.culture.gouv.fr/public/mistral/

将所有数据链接在一张法国地图之上，通过点击图片上的省份进入各省的网页（图 1-13）达到了一种"仿地理信息系统"的效果。但由于法国普查中也没有采集空间数据，所以未来若想将遗产管理信息化，还需进行一轮新的信息采集。

（六）国外相关学术研究成果

通过 Web of Science 网站，利用 "Industrial Heritage" "Industrial Site" "Industrial Historical" "Information collection and management" "GIS" "BIM" 等关键字进行检索，所得相关的成果极少，可知在世界范围内工业遗产信息采集与管理方面的研究也是极度匮乏的。目前，国外对工业遗产的相关研究主要集中在管理模式的探讨上，如 2009 年，澳大利亚昆士兰大学学者兰多夫·克雷（Landorf·Chri）在遗产管理层面对英国 6 个具有世界遗产身份的工业遗产的管理规划进行研究 [26]。2012 年，法国里昂大学学者苏腾贝格·米歇尔（Rautenberg Michel）对英国与法国工业遗产保护及再利用的政策进行了对比研究，得出英国倾向于旅游，法国倾向于文化的结论 [27]。

将对既往研究成果的关注范围扩展到整个文化遗产领域。在 GIS 方面，国际上较为通用的概念为文化遗产资源管理（Cultural Resource Management，即 CRM），如 1999 年，保罗·班克斯（BOX.P）基于 GIS 对文物考古中 GIS 在资源管理中的应用进行研究 [28]。2014 年，杨文斌（WB Yang）等学者对 GIS 技术在我国台湾金门的文化遗产管理中的应用进行研究，通过 GIS 技术的应用在管理规划中实现了世界遗产准则和当地文物法规的结合 [29]。2016 年，阿加皮·阿索斯（A Agapiou）等学者基于层次分析法，利用 GIS 技术对塞浦路斯的帕福斯地区的文化遗产的风险评估进行了研究，依据遗产周边的环境参数，更准确地反映遗产的情况[30]。在 BIM 方面，与文化遗产相结合的研究在国际上处于起步阶段。2009 年，墨菲·莫里斯（Murphy.M）等学者第一次提出了 HBIM 的概念，将 HBIM 定义为"基于三维点云和摄影测量数据，建构建筑遗产的参数化构件库的跨平台操作流程"[31]。2012 年，墨菲·莫里斯、康纳·多尔（Dore C）又提出将 HBIM 和 GIS 技术相结合[32]。2018 年，乔丹·帕洛马尔（Jordan-Palomar）等对基于 BIM 技术的文化遗产管理模式进行了探讨，将该管理模式命名为 BIMlegacy，模式分为"登记，确定修缮方案，编制修缮设计，规划修缮手段、进行修缮工程、审查和交付以及文化宣传"[33]。

在世界范围内，工业遗产领域的学者对信息采集与管理的研究关注度极少。文化遗产领域对 GIS、BIM 在遗产管理中的应用也处于起步探索阶段。

二、国内综述

（一）第三次全国不可移动文物普查研究

2007 年，国务院根据《国家"十一五"时期文化发展规划纲要》，决定开展第三次全国文物普查。工业遗产首次纳入国家文物普查的调查范围，并且受到特别关注。国家文物局原局长单霁翔曾指出："全国第三次文物普查工作正式启动，工业遗产作为新型遗产受到特别重视，以各省为单位，全国性的普查活动拉开序幕，数百项工业遗产列入三普名单中。"[34]

第三次全国不可移动文物普查于 2007 年 4 月开始，至 2011 年 12 月结束，历时 4 年 8 个月。为实现普查中信息采集的标准化，本次普查中还制定了相应的《第三次全国文物普查不可移动文物登记表》[35] 和《第三次全国文物普查消失文物登记表》以及相应的记录说明。前者针对存在的不可移动文物，后者针对已经灭失的不可移动文物。其内容仅有序号、名称、年代、级别、类别、消失时间、消失原因、地址、原登记文件、调查人等简要信息。因此本文主要对《第三次全国文物普查不可移动文物登记表》的信息采集内容进行研究。

《第三次全国文物普查不可移动文物登记表》的内容主要分为抬头、基本信息、文物本体及环境信息、GPS 测点登记表、标本登记表、其他资料登记表、图纸及照片册页。具体的采集内容如表 1-12 所示。

对表 1-13 的内容进行分析，在第三次全国文物普查中，不可移动文物信息采集的内容可以分为基本信息，文物本体及环境信息，普查建议和基础资料登记表。按照信息采集的物质对象来说可分为两个层级，一是作为"整体"概念不可移动文物，二是不可移动文物内各组成部分，包括单体文物、文物环境以及可移动文物、相关文献。

分类	详情
抬头	编号；是否新发现；名称；地理位置（省、市、区县），调查人、审定人、抽查人签字及日期
基本信息	名称；编号；位置及地址；GPS 坐标（经纬度、海拔、测点说明）；保护级别；面积（保护范围、建筑占地、建控地带等）；年代；文物类别；所有权；使用情况（使用者、功能等）
文物本体及环境信息	单体文物：数量，说明，简介 保存状况：现状评估（好、较好、一般、较差、差）；现状描述 损毁原因： 自然因素（地震、水灾、火灾、生物破坏、污染、雷电、风灾） 人为因素（战争、生产生活活动、盗掘盗窃、不合理利用、违规发掘修缮、年久失修、其他） 描述：环境状况描述（自然环境、人文环境）
普查建议	普查组建议，审核意见，抽查结论等
基础资料登记表	GPS 测点登记表：编号、经度、纬度、海拔、测点说明等 标本登记表：序号、名称、编号、质地、年代、保存地点等 其他资料登记表：序号、名称、编号、类别、数量、保存地点等 测绘图：名称、图号、比例、绘制人、时间 照片：名称、拍摄者、时间、方位、说明

调查表的信息采集内容面向的是所有"不可移动文物"，因此对于工业遗产的特性在普查工作中缺乏针对性，因此，在第三次全国文物普查中，一些重点城市都制定了工业遗产的专项调查表。但"三普"调查表在设计结构上采用了从"整体"到"个体"的方式，与英国 IRIS 普查表的"厂区"到"要素"的结构不谋而合，并且在信息采集的内容中关注了遗产环境，这一点较之英国 IRIS 和法国工业遗产的普查都是一大进步。此外，表格的填写方式中多以勾选的方式进行，可以大大节约培训和普查的时间成本，对于《中国工业遗产普查表》的制定具有较高的借鉴价值。

（二）我国重点城市工业遗产普查研究

我国目前并没有进行全国层面的工业遗产专项普查，但 2006 年开始，北京、上海、天津、南京、济南等重点城市先后自行开展了工业遗产的专项普查工作。因此本部分内容，将以这五个城市为典型案例，对各城市的普查工作开展的背景、普查表内容标准制定等方面进行研究。

1. 北京

2006 年开始，北京城市用地更新，大量工厂面临拆迁，在相关专家、学者和公众媒体的共同呼吁下，北京开始了针对辖区内重点工业遗产资源点的普查工作。北京重点工业遗产资源的调查包括工业企业调查和建（构）筑物、设施设备调查等，整个调查表格的调查内容包括：编号、厂名、厂址、所属关系、建厂时间、占地面积、总建筑面积、厂房类面积、办公类面积、工人数、产值产量、搬迁计划、发展过程、产品工艺。北京普查表所调查的内容较为概括，未涉及工业建（构）筑物、设备、工艺流程以及相关文献、人等的信息采集。

2. 上海

在全国第三次不可移动文物普查的过程中，上海市根据当地工业遗产的特点，制定了《上海市第三次全国文物普查工业遗产补充登记表》（以下简称《上海登记表》），用于上海市境内工业遗产的补充调查。《上海登记表》的信息采集内容将工业遗产调查分为基本情况、工业厂区登记表、建筑单体登记表以及图纸册页等。具体情况如表 1–13 所示。总体而言，《上海登记表》主要关注了厂区环境和建筑物，但对其进行深入研究可发现，该调查表所采集的内容中，对工业遗产的特殊性关注较少，例如行业类型、生产产品、工艺流程、设备遗产、环境污染等问题没有列入采集内容。

上海市第三次全国文物普查工业遗产补充登记表内容　　　表 1–13

分类	详情
基本情况	名称：现有名称、原名称 详细地址：现在地址、过去地址 公布日期，建筑面积，始建年代，地下构筑物，原建物主或使用者，原使用功能，设计者，施工单位，现产权单位，联系人电话，邮编，档案保存，档案编号 修缮情况：时间，方式（重建、迁建、修缮、加固、改扩建），经费（市补贴、区补贴、自筹）
工业厂区登记表	厂区范围界定（各个方位分界线） 类目：建筑，小品，构筑物，码头，原始围墙，雕塑，水池，重要设备/设施等附属物件，古树名木，其他。调查上述类目的位置、名称、尺寸、简介、损毁情况
建筑单体登记表	单体名称，单体建筑面积，单体建筑占地面积，损毁情况，建筑年代，GPS坐标 建筑类型，跨度（数量、长度），高度（层数、高度），损毁情况 结构：结构形式，柱吊车梁，损毁情况 外墙：颜色，材质损毁情况 主出入口：材质，形状 主立面窗：材质，形状 屋顶：形式，屋架（形状、材质），瓦（颜色、形式） 室内：颜色，材质
测绘图纸	CAD 图纸
照片	数码照片

3. 天津

2010 年，天津大学建筑学院"中国文化遗产保护国际研究中心"开始进行对天津滨海新区工业遗产的普查工作。2011 年初，以天津市规划局牵头的全市范围工业遗产普查活动开展。普查使用统一的《工业遗产调查表》，包括"厂区基本情况"及"建筑/构筑物基本情况"，其内容包括工业遗产厂区及建（构）筑物基本信息外，还涉及对工业遗产保留策略的建议。天津普查表所存在的问题与上海的情况类似，内容上对厂区、建（构）筑物层面的信息采集较多，但对涉及工业遗产科技价值核心问题的生产产品、工艺流程、设备遗产、环境污染等问题没有关注。

4. 南京

2010年，在"南京历史文化名城研究会"的组织下，调动"南京市规划设计院""南京工业大学建筑学院"和"南京市规划编制研究中心"的力量，共同开始了对南京市范围内工业遗产的专项调查，调查使用的《南京工业遗产资源登录表》，主要内容包括厂区名称、年代、地址、行业等基础信息，厂区风貌、生产流程、单体建（构）筑物保存现状等较详细信息。并对其是否可列入历史文化名城街区与保护利用方法提出建议。如表1-14所示。南京调查表相比于北京、上海、天津的调查表，有多处创新之处，主要包括：工业类型的调查，环境中工业风貌的调查，生产流程的调查。体现了南京表格制定者对工业遗产特点的理解更加全面、深刻。

南京工业遗产资源登录表内容　　　　　　　　表1-14

分类	详情
基本信息	原名称、现名称、始建年代、调查面积、调查时间、历史沿革、原工业类型
位置	行政辖区、具体地址、范围
现状	现使用功能（生产、都市产业园、办公、商业、居住、闲置、其他） 完整程度（工业内涵完整、工业内涵较丰富、工业内涵一般） 保存状况（风貌格局、建（构）筑物、工艺流程、生产配套、生活配套） 目前权属（国有、集体、部队、股份制、私有、其他）
现状主要资源	环境要素，工业建（构）筑物，工业设备及流程，生产配套设施，生活配套设施
单体资源点统计	序号，年代，风貌，原功能，现功能，法定保护资源
其他	资源评估，综述，保护再利用建议，照片及总平面图

5. 济南

2016年，在济南市政府及规划局的支持下，济南市开展了"济南工业遗产保护总体规划"的编制项目，期间济南市勘察设计院对全市范围内的工业遗产进行了普查。普查内容包括"工业遗产厂区调查表"和"工业建筑介绍"两大部分。二者主要包含的内容如表1-15所示。济南的调查表参考了天津的

济南市工业遗产普查内容　　　　　　　　表1-15

分类	详情
厂区调查表	调查人，调查时间，调查对象（名称），始建年代，创始人，地址，曾用名，现用名，工业类别，占地面积，历史沿革，现状权属，使用功能，保存状况，遗留建筑物数量，周边环境
建筑物介绍	位置，始建年代，功能，保存情况

《工业遗产调查表》，并进行了改良，增加了一些工业遗产特有的信息采集内容，如创始人、工业类别等。

6. 我国工业遗产普查情况总结

在对我国北京、上海、天津、南京、济南等重点城市的工业遗产普查表内容的研究中，可以发现很多现实问题：首先，由于工业遗产属于新型遗产，所以在早期的普查中，由于对工业遗产缺乏科学的认识，调查表内容对工业遗产的特性强调不充分；其次，由于我国目前没有统一的工业遗产信息采集与管理体系，因此并没有标准的《中国工业遗产普查表》对全国各地的工业遗产普查活动进行约束。各城市工业遗产普查表的表格结构和所用名词差异很大，信息采集对象、深度参差不齐，不利于我国工业遗产统一的信息化管理系统的建构。

（三）全国重点文物保护单位保护规划的信息采集内容研究

全国重点文物保护单位保护规划的信息采集内容体现在《全国重点文物保护单位保护规划编制要求》（以下简称《编制要求》）的基础资料的要求中。目前《编制要求》有 2003 年的正式版和 2018 年尚未正式发布的《全国重点文物保护单位保护规划编制要求（修订稿草案）》。

2003 年版《编制要求》中的主要内容包括总则、规划文本、规划图纸以及规划说明与基础资料四个章节，总体上对全国重点文物保护单位保护规划的内容和标准进行了描述，其基础资料的具体内容如表 1–16 所示。

全国重点文物保护单位保护规划编制要求中的信息要求（2003 年版）　　表 1–16

名称	详情
基础资料汇编（2003 版）	1. 符合国家勘察、测量规定的测绘图。 2. 历史文献资料。 3. 相关的地理、地震、气候、环境、水文等资料。 4. 文物调查、勘探、发掘的相关资料和报告。 5. 历年保护措施的实施情况与监测记录。 6. 文保单位及其周边环境的现状图文资料。 7. 文保单位所在地政治经济、气候等情况相关资料。 8. 城乡建设发展的相关规划文件。 9. 文物展示、服务设施情况，历年游客人数与收费统计等。 10. 机构、经费、人员编制、政府管理文件等。 11. 其他相关资料。

2018 年《全国重点文物保护单位保护规划编制要求（修订稿草案）》中的内容在 2003 年的版本上做了修订，内容更加翔实，虽然还未公布为正式稿，但可以看出国家文物局在文物保护中的思路，其中，基础资料汇编的内容如表 1–17 所示。

对 2003 年版与 2018 年修订版进行比较，其中对文物保护规划的信息采集要求变得更为具体和翔实，增加了大量新的内容，包括：对保护单位所在地

名称	详情
基础资料汇编 （2018修订稿）	1. 符合国家勘察、测量规定的规划范围的地形图（使用缩略图方式显示规划使用的地形测绘图、卫星影像图、航空影像图等，并标注说明测绘时间与图纸比例）。 2. 全国重点文物保护单位所在地当前的社会、文化、经济、交通、人口、地理、气候、环境、水文、地质、自然灾害等基础资料；必要时，应由专业部门提供专项评估报告。 3 文物遗存的现状实测图、历史文献与图片及相关影像资料。 4. 文物调查、勘探、发掘的相关资料和报告，以及与全国重点文物保护单位相关的重要历史文献。 5. 文物遗存及环境的现状调查报告，可含文字、照片、表格等形式。 6. 全国重点文物保护单位历年保护措施的实施情况与监测记录。 7. 管理机构的人员编制、经费来源，重要的政府管理文件等。 8. 全国重点文物保护单位的展示、服务设施情况,历年游客人数与收费统计等。 9. 城乡建设发展的相关规划文件。 10. 参考文献。包括规划涉及的历史文献、著作、学术论文等。 11. 其他相关资料。 12. 历次的利益相关者规划协调会会议纪要及相应的规划调整说明。 13. 各级规划评审会的会议纪要或评审意见，以及规划的历次修改说明。 14. 规划的政府公布文件

的社会、文化、经济、交通、人口、地理、气候、环境、水文、地质、自然灾害等基础资料、文物遗存的现状实测图、利益相关者规划协调会会议纪要，相应的规划调整、评审会议以及历次修改说明等内容。一方面说明了我国文物保护规划的详细程度在不断加强，另一方面也说明我国文化遗产领域对文化遗产的认识程度在不断更新与进步，从开始的对遗产本体的关注，到现在对遗产周边环境、所在地以及相关的人和团体的关注。

全国重点文物保护单位保护规划的信息采集要求中，基本做到了对文化遗产相关信息较为全面的采集，但由于规划编制涉及的范围很广泛，因此对保护单位中"单体文物"的信息采集没有详细的要求。总体而言，对我国工业遗产文物保护单位的遗产本体层级和保护规划编制的信息采集具有一定的指导意义，但具体的内容还应结合工业遗产自身的特殊性进行讨论。

（四）《近现代文物建筑保护工程设计文件编制规范》中的信息采集内容研究

根据本研究的定义，工业遗产由工业建（构）筑物遗产、工业设备遗产、工业历史环境等要素构成，工业建（构）筑物遗产是近现代文物建筑的一种特殊类型。《近现代文物建筑保护工程设计文件编制规范》于2017年7月19日由国家文物局发布。《近现代保护工程规范》中将近现代文物建筑的信息采集工作分为：收集资料、现状勘察、现状照片三部分。这三部分可归纳为文献资料信息和现状勘察信息（包括现状勘察和现状照片），其主要内容如表1-18所示。

分类	详情
收集资料	1. 历史沿革资料，包括建筑原名称、设计师、营造商、结构形式、建（构）筑物和附属物的始建年代、设计使用年限、原始业主等。不同时期的地形图、设计图纸及照片。 2. 人文历史资料，包括历史人物、重大历史时间及痕迹。 3. 建筑使用、管理及规划资料，包括已划定的保护范围与建设控制地带，已经颁行的文物保护规划；文物行政部门的批文批复；业主或房产所有人、所有权、使用功能等方面变更的文献和图像资料。 4. 建筑研究成果及资料，包括对建筑环境、建筑性质、风格流派、地域特征、原始材料及工艺做法，以及主要建筑装饰如柱式、山花、线椒、屋顶等描述或研究资料，相关研究成果及出版物。 5. 工程档案资料，包括历次修缮工程性质、内容、范围、规模；历次修缮及改扩建设计图纸等文件资料、施工技术资料等；岩土勘察、结构检测鉴定等勘察、检测资料。 6. 设备设施资料，包括给排水、暖通、电气、空调、电梯设施设备的图纸资料及运转情况。 7. 建筑周边市政管网及道路资料，包括供电、雨水、污水、给水、消防、燃气、通信、小区智能化管道等资料，其他相关设备设施设计资料
现状勘察	建筑勘察： 1. 对建筑的形制、材料及做法、室内装饰、有价值的使用功能以及保存状态进行勘察，准确记录勘察所得一手资料，应特别注意详细记录各个部位的原始材料、工程做法及细部构造。 2. 对各种损伤、病害、现象进行仔细评估，对重要历史时间及重大自然灾害遗留的痕迹、人类活动造成的破坏痕迹、历史上不当维修所造成的危害等应仔细分类记录准确。 3. 完成建筑整体损伤、变形的记录。 4. 对建筑局部损伤、变形等相撞进行表观判断和仪器检测；准确记录损伤方位，定量记录损伤程度。 5. 拍摄保护工程本体及现场的现状照片，必要时三维影像的采集，包括进行录像或三维点云采集
	结构勘察： 1. 对建筑结构使用环境的调查。 2. 对结构外观损伤部位的勘察。 3. 对基础整体沉降、相邻基础间沉降差，建筑物整体倾斜和结构构件变形的勘察。 4. 必要时进行结构抗震评估、结构检测鉴定、岩土工程勘察
	电气设施勘察： 1. 调查使用情况。 2. 调查现有电气结构组成，包括强弱电、消防、安防、防雷等设施是否规范
	专项检测及鉴定：普通探查不能满足设计要求时，应进行专项检测及评估。如房屋建筑结构检测、建筑材料检测、建筑结构安全性评估及鉴定、工程地质和水文地质勘查等
现状照片	一般要求： 1. 现状照片与现状图和其他表述现状的文件互为补充、补正，应真实、准确，全面并与勘查报告、现状测绘图纸有对应性。 2. 所表述的内容，应与现状图、文字说明顺序相符。 3. 画面应清晰，数码照片的分辨率不低于300dpi。 4. 照片应有编号或索引号；一般标注拍摄时间、拍摄角度。 5. 应有拍摄部位及病害情况的说明。 6. 应编制现状照片，也可单独成册，或和现状勘察报告装订成一册
	照片内容要求： 1. 反映建筑周边环境、建筑各外立面的全景照片。 2. 反映建筑典型部位残损的细部照片、整体和残损病害部位的关系。 3. 反映结构、水电、设备设施现状的照片。 4. 反映拟重点修缮、修复或加固部位现状的照片。 5. 反映工程对象的时代特征、突出的价值点、损伤、病害现状及程度

《近现代保护工程规范》的信息采集的目的是为某一特定的"建筑遗产单体"的保护工程设计提供基础数据，其要求是针对该建筑全面的信息采集，包括所有相关文献资料和建筑遗产的本体信息。其信息采集的空间范围小于文物保护单位保护规划，但更加全面。对于文物保护单位而言，基于保护规划和保护工程的要求进行信息采集，基本可保证对其相关信息的全面覆盖。而针对工业遗产，应充分考虑到工业建（构）筑物的特性，首先，在艺术价值上通常低于其他建筑类型；其次在结构形式上多采用桁架结构，具有较大的空间尺度；最后，空间和构件与其承载的生产活动、工艺流程紧密相关。这些都是我们在工业建（构）筑物遗产的全面信息采集中应充分考虑的内容。

　　对工业建（构）筑物遗产进行信息采集时，应同时兼顾保护规划和保护工程的信息采集要求，结合工业遗产的特殊性，对信息采集的内容提出更为具体的要求。

（五）全国重点文物保护单位档案管理研究

　　我国《全国重点文物保护单位记录档案工作规范（试行）》[36]发布于2003年。其中规定，全国重点文物保护单位的档案主要包括主卷、副卷、法律文书卷和备考卷。主卷以保护管理工作记录和科学资料为主。副卷用于保存有关行政管理文件及日常工作情况的信息。备考卷则是与本文物保护单位有关、可供参考的论著及资料。具体内容如表1-19所示。

《全国重点文物保护单位记录档案工作规范（试行）》的内容　　　表1-19

大类别	小类别
主卷	文字卷，图纸卷，照片卷，拓片及摹本卷，保护规划及保护工程方案卷，文物调查及考古发掘资料卷，文物保护工程及防治监测卷，其他
副卷	既往的旧档案
法律文书卷	相关法律文书
备考卷	参考资料卷，论文卷，图书卷，续补卷

　　《全国重点文物保护单位记录档案工作规范（试行）》的档案管理中，不仅关注了文物保护单位的现状信息，对未来信息的补充留出了余地。但由于年代已非常久远，该规范中所采用的信息管理技术仍是传统的纸质档案结合光盘储存数字化信息的方式，没有达到信息化的要求。截至2018年9月，我国仍没有新的文物保护单位的信息管理规范发布，现状情况仍以传统档案管理方式为主，信息化程度较为落后。我国文化遗产并没有建立起统一的、科学的信息采集与管理体系。

信息采集与管理体系的建立是我国工业遗产科学保护、合理利用的重要前提。目前，我国工业遗产信息采集与管理相关的研究在业界极少。扩及文化遗产范畴，天津大学吴葱教授及其学生梁哲、狄雅静等在建筑遗产信息管理方面的研究起步较早，是该领域的先行者。

《中国建筑遗产信息管理相关问题初探》中，通过对国内外建筑遗产界GIS 应用案例的梳理，提出了基于 GIS 技术的中国建筑遗产信息管理系统的体系框架，在框架中将建筑遗产信息分为"测绘信息"和"资料信息"[37] 两大类。并依据北海建筑群和颐和园建筑群为案例进行了实操研究。对工业遗产领域信息管理系统的建构研究具有重要的参考价值。

《中国建筑遗产记录规范化初探》中，通过对英、美、法、意、日等国的建筑遗产记录体系的充分研究与总结，结合我国实际情况，从组织机构、管理部门、运作流程等角度对"中国建筑遗产记录的规范化体系"[38] 的建构进行了探讨，并对"建筑遗产记录"实际操作中所存在的问题进行了讨论。该论文基础内容翔实，基础资料充分，对本研究具有一定的基础性支撑意义。

GIS 及 BIM 等技术是工业遗产信息管理阶段重要的技术支撑。文化遗产领域的 GIS 应用在我国较早研究的是东南大学建筑学院在历史街区规划和保护中的应用；清华大学在介休后土庙等保护规划中也应用到 GIS 技术 [39]，2011 年对山西五台山佛光寺东大殿进行三维激光扫描和详细的勘察测量、材分分析、残损情况分析等 [40]，并以 ArcGIS 作为技术平台构建了佛光寺东大殿"综合文物信息数据库 CHIS"（Culture Heritage Information System，简称 CHIS）；同济大学国家历史文化名城研究中心也对地理信息系统在历史街区、文化遗产管理方面的应用进行了实践。2015 年和 2017 年，北京交通大学计算机学院宋巍 [41] 和西安建筑科技大学高宋铮 [42]，对基于 GIS 的文物管理系统建构的技术方法进行了探索，该两篇论文均从计算机开发的角度进行研究。文化遗产领域 BIM 技术的探讨主要在古代木构建筑的信息模型建构之上，如天津大学李珂对颐和园德和园大戏台 BIM 信息模型的探索以及对嘉峪关信息化测绘与管理的应用 [43]，太原理工大学郭正可对佛光寺东大殿 BIM 参数化建模的研究 [44] 等。

目前，这两方面的研究在工业遗产领域处于起步阶段，关注的学者较少，除本作者外，主要有田燕、杜欣、朱宁、刘抚英、石越等学者。田燕对 GIS 技术在工业遗产领域的应用从"建立资源清单、制定保护规划、开发控制管理、公共事业管理"[45] 四个方面进行介绍。朱宁对 BIM 技术应用于工业遗产的保护与再利用进行了一定的介绍和讨论[46]。杜欣以北洋水师大沽船坞的轮机车间为案例，对BIM技术应用于工业遗产的"适应性"[47]进行了研究，轮机车间是我国第一个建立BIM信息模型的工业建筑遗产，具有一定的开创意义。刘抚英等对杭州市工业遗产的"名称、地理位置、工业遗产类型、规模、工业遗产概况、保护类别、再利用模式"[48]等七个方面进行信息采集，并基于GIS技术建立了数据库，是GIS技术在我国工业遗产领域的第一次实践。石越以黄海化学社和轮机车间为例，在杜欣的基础上，对工业遗产BIM信息模型的建构、信息管理等应用进行了研究，具有一定的借鉴价值。笔者自2013年开始进行工业遗产信息采集与管理方面的研究，先后从全国[49]、城市（天津市）[50]、案例（北洋水师大沽船坞）[51]三个层面对GIS技术在工业遗产领域的数据库建构、信息管理、数据分析、历史研究、保护规划等多个方面进行了研究，是本文的重要基础。

三、既往研究的经验与问题

（一）既往研究的经验总结

1. 工业遗产信息采集与管理的信息层级

以工业遗产为认知对象，目的的不同决定了信息采集内容的差异。综合世界遗产、英、美、法以及我国自身的遗产信息采集范例进行比较总结，总结出了遗产信息采集与管理的三个目的及其对应的三个信息层级：一是以宣传为目的的国家层级信息；二是以发现新遗产为目的的城市层级信息；三是以重点保护研究为目的的遗产本体层级信息（表1–20）。多数情况下，三个信息层级的信息深度是依次加深，信息内容依次增多，如世界遗产、英格兰以及我国的相

国内外遗产信息采集与管理的三个层级比较　　　　表1–20

机构或国家	国家层级	城市层级	遗产本体层级	
世界遗产中心	世界遗产名录信息系统	执行摘要	申请列入《世界遗产名录》材料	
英格兰	1. 英格兰国家遗产名录信息管理系统 2. 历史英格兰信息采集等级1	1. IRIS工业遗产普查 2. 历史英格兰信息采集等级2	历史英格兰信息采集等级3	历史英格兰信息采集等级4
美国	等同于HABS、HAER简要调查表和大纲调查表的信息	HABS、HAER简要调查表	HABS、HAER大纲调查表	
法国	等同于法国工业遗产普查的信息	法国工业遗产普查	—	
中国	国家文物局公共信息服务系统	第三次全国不可移动文物普查表、各重点城市工业遗产专项普查表	文物保护单位保护规划及保护工程的信息要求	

关案例；个别情况，如美国、法国的相关案例。由于对信息采集成果的完全公开，国家层级信息会等同于城市层级信息或遗产本体层级信息。

国家层级信息的采集与管理对象是宏观层面的区域性的工业遗产群，如我国全国层面；城市层级信息的采集与管理对象是中观层面的区域性的工业遗产群，如某特定城市或区县；遗产本体层级信息的采集与管理对象是微观层面的某一特别重要的工业遗产案例，如某一全国重点文物保护单位（图1-14）。

2. GIS、BIM技术在工业遗产信息管理中的适应性

世界遗产名录信息系统、英格兰国家遗产名录信息管理系统和吴哥窟管理规划中GIS技术的应用，从两方面体现了GIS技术的引入使遗产保护领域所产生的变革。首先，世界遗产和英格兰的管理系统，基于WebGIS技术实现了遗产信息的网络公开，世界遗产中心还基于对各类数据的统计分析进行了可视化展示，展现了GIS技术使遗产与社会公众的交互变得更加便捷、更加直观；对遗产保护的宣传是重大的技术变革。其次，吴哥窟管理规划基于GIS技术对遗产所在地的遗产分布、人口、植被、水文等情况进行了可视化分析，并用其指导保护管理规划的编制工作，由于GIS技术的引入，遗产的现状评估、价值评估不再停留在定性描述的阶段，而是迈入了定量分析的阶段，其结果更加科学，对保护规划编制具有重要的意义。

大沽船坞轮机车间和黄海化学社BIM信息模型的建构研究，验证了BIM技术相较于其他建筑遗产类型，更适应于工业建（构）筑物遗产的信息管理应用。因为，BIM技术的发展，其主要初衷是应用于新建建筑的设计、施工、运营的"全生命周期"当中，工业建（构）筑物遗产由于结构形式、构件、材料等与目前的建造技术相仿，且建筑装饰细节少，因此利用BIM技术建立信息模型更为便捷，而我国传统木构建筑遗产，由于其结构形式、建筑风格迥异，建筑装饰细节很多，非常不利于BIM技术的应用。

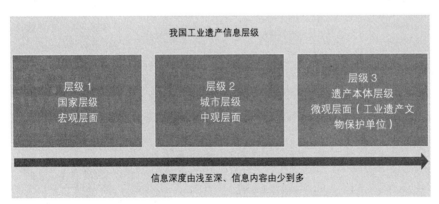

图1-14 中国工业遗产信息层级图

（二）既往研究所存在的问题

1. 工业遗产信息采集与管理的研究在我国极少，体系性研究尚属空白

我国当下处于城市化高速发展阶段，工业遗产作为新型遗产，社会认可度和保护意愿较低，工业遗产的信息采集与管理是其保护与再利用的重要前提条件，但既往研究显示，我国工业遗产信息采集与管理相关研究极少，体系性的研究在我国更属于空白，急需填补。

2. 我国遗产领域的信息公开宣传程度很低，信息化程度较差

首先，以我国国家文物局和北京文物局网站上公开的遗产信息为例进行研究，发现公开的信息只有：名称、年代、地址、省份、类型和批次，信息公开的内容很少，程度很低；其次，相比于基于信息化技术的世界遗产和历史英格兰的网络信息系统而言，我国遗产领域在系统的建构技术上仍采用传统网页链接的方式，遗产信息仍采用传统的文本的形式进行展示，所采用的技术手段落后。在当今信息时代的背景下，基于信息化的 WebGIS 技术，实现遗产的空间可视化，并对遗产的保护情况、历史价值等进行简要的介绍，更有利于公众对遗产保护工作的理解，增强大众的遗产保护意识，弘扬我国优秀文化。

3. 我国各部门、地区、机构和相关学者在工业遗产领域有很多成果，但缺乏统筹

2006 年以来，我国如工业和信息化部、国土资源部、文物局、旅游局等国家政府部门，中科协、中国建筑学会工业建筑遗产学术委员会、中国文物学会等组织机构，辽宁、北京、天津、上海、济南、重庆、武汉、广州等地区，以及相关学者都为我国工业遗产的研究贡献了许多的成果，但多年来缺乏统筹，全国的总体面貌仍未可知。基于我国研究现状，我国工业遗产目前的研究要求应是在尽快了解全国工业遗产全貌的基础上，组织工业遗产专项普查。

4. 我国未进行统一的工业遗产专项普查，各地区普查标准不一，现状混乱

目前由于我国没有建立统一的工业遗产信息采集与管理体系，我国未进行全国层面的工业遗产的专项普查工作，我国目前有多少工业遗产、保护情况如何等诸多问题都无法得到解答。但 2006 年后，北京、天津、上海、南京、济南等重点城市，先后进行了工业遗产的普查工作，但各城市普查表的表格结构和所用名词差异很大，信息采集关注的对象、深度参差不齐，并且缺乏对工业设备遗产、生产流程、厂区环境等要素的信息采集。目前工业遗产普查的现状极不利于我国工业遗产统一的普查信息管理系统的建构。

5. 我国文物保护中对工业遗产本体的特性关注不够，管理的信息化程度较低

目前我国文物保护单位的保护规划以及保护工程的遗产本体层级要求是针

对全体文物保护单位范畴的，对工业遗产的一些特有的遗产要素（机械设备、工业构件等）和科技价值（生产流程、工艺等）没有特别关注。在我国工业遗产信息采集与管理体系的遗产本体层级体系的研究中应加以论述。在文物保护单位的信息管理方面，目前，我国执行的管理规范仍采用传统的纸质档案和光盘存储相结合的方式，没有引入信息化技术。

第四节　研究问题及解决途径

通过既往研究，总结了我国工业遗产信息采集与管理领域所面临的五大问题。这五个问题中，第一个问题是关键所在，通过对第一个问题的解答，可以从根本上解决其他四个问题。

只有在我国建构了统一的、信息化的工业遗产信息采集与管理体系，才能解答我国工业遗产研究的总体面貌是什么样的，才能改变信息公开技术落后的现状，才能实现工业遗产普查的标准化和信息化，才能制定出符合工业遗产特性的遗产本体层级的信息采集与管理标准，才能改变信息管理技术落后的局面。综上所述，本文以"我国工业遗产信息采集与管理体系"为对象，提出了三个层层递进的研究问题。

· 第一个问题，怎样去建构"我国工业遗产信息采集与管理体系"？

为了解决此问题，第一步，要明确"中国工业遗产"和"工业遗产信息采集与管理"的定义。第二步，基于国内外综述，提出了遗产领域信息采集与管理的"三个层级"理论：国家层级、城市层级和遗产本体层级。第三步，结合我国目前工业遗产研究现状，将"三个层级"引入工业遗产领域，建构了由"国家层级""城市层级""遗产本体层级"三个层级组成的"我国工业遗产信息采集与管理体系"，分别对应宏观层面、中观层面和微观层面（图1-15）；并对三个层级的信息采集与管理的标准化进行了开创性研究。

· 第二个问题，怎样利用GIS、BIM技术建构各层级的信息管理系统？

为了解决这个问题，需要探索GIS及BIM建构信息管理系统的技术路线。第一步，以全国工业遗产、天津市以及北洋水师大沽船坞三个层级的案例，进行信息采集；第二步，通过自学ArcGIS、Revit软件和C++软件开发，对三个层级进行实例研究：基于对全国工业遗产信息采集成果，建立"全国工业遗产GIS数据库"，并开发了"全国工业遗产信息管理系统"和"全国工业遗产网络地图"；基于天津市工业遗产普查成果，建立"天津工业遗产普查GIS数据库"和"文件数据库"，开发了"天津工业遗产普查信息管理系统"；基于北

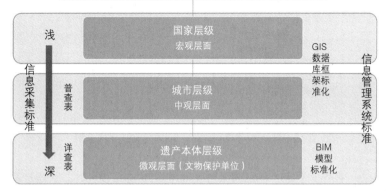

图 1-15　我国工业遗产信息采集与管理体系结构简图

洋水师大沽船坞的遗产本体层级的信息采集成果，建立 GIS 数据库和文献数据库，开发了"北洋水师大沽船坞遗产本体信息管理系统"；基于轮机车间、甲坞、设备的信息采集成果，分别建立了 BIM 信息模型。

·第三个问题，基于采集的信息以及数据库，能解决我国怎样的实际问题呢？

为了解决第二个问题，先后采集了全国、天津市以及北洋水师大沽船坞的信息，并分别建立了 GIS 数据库和 BIM 信息模型。基于对我国工业遗产研究背景和相关既往研究的梳理，结合自身实践，决定利用三个层级的数据库和信息模型，分别解决以下三个实际问题：

（1）我国工业遗产的总体面貌是怎样的？

利用全国工业遗产 GIS 数据库中的 1537 个工业遗产，对目前我国工业遗产的时空、行政区、行业类型、保护与再利用等情况进行了全面分析，以此解答这一问题。

（2）如何基于 GIS 对某城市的工业遗产的保护再利用进行科学规划？

利用天津工业遗产数据库，首先对天津工业遗产的年代、空间分布、行业类型、保护与再利用等基本情况进行了分析；然后利用 GIS 技术对天津市工业遗产廊道体系进行了科学的建构，并对天津工业遗产的再利用潜力进行了研究；以此指导天津市工业遗产总体规划的编制。

（3）如何基于 GIS、BIM 技术完成工业遗产文保单位的保护？

利用北洋水师大沽船坞数据库，对大沽船坞的历史沿革进行研究，确定其保护范围和潜在的地下遗址区；然后利用 GIS 技术和加权分析法，对大沽船坞内的建（构）筑物遗产的遗产价值和非遗产建（构）筑物的再利用价值进行了评估，以此指导保护规划的编制工作。

首先对 BIM 技术应用在工业遗产领域的工作流程进行了研究，然后利用 Revit 软件建构轮机车间、甲坞和设备的信息模型，利用开发的建筑遗产修缮信息管理软件，对轮机车间的残损信息进行了录入和管理，以此支撑保护工程设计工作。

第五节　研究目的及意义

一、研究目的

建立"我国工业遗产信息采集与管理体系"。总结国内外文化遗产及工业遗产信息采集与管理经验，结合我国文物保护的基本国情，采用信息化技术，建构我国工业遗产信息采集与管理体系。该体系包括"国家层级""城市层级""遗产本体层级"三个层级。

为实现我国工业遗产信息采集与管理的标准化，对三个层级的信息采集内容进行了要求：结合世界遗产、英格兰等公开的基本信息，结合我国国情，对"国家层级"的信息采集标准进行了标准化制定；结合中国工业遗产定义和国内外普查表，对"城市层级"的《中国工业遗产普查表》进行了标准化制定；结合国内外遗产本体层级的调查表和我国保护规划和保护工程要求，对"遗产本体层级"的一系列调查表的内容进行标准化制定。

对各个层级信息管理系统的 GIS 数据库框架、文件数据库框架和管理系统功能要求进行了标准化研究；对遗产本体层级的 BIM 信息模型的标准化族库进行了研究，基于 Revit，初步探索性地制定了我国"工业遗产 BIM 标准化构件族库"，并实现了大部分构件的参数化，使其在形成标准化的同时，又具有很强的适用性；最后对构件族和设备的属性表内容进行了标准化设计。

以"全国工业遗产信息管理系统"为例，全面收集目前全国已知的工业遗产信息，基于标准框架，建立"全国工业遗产 GIS 数据库"，探索了"国家层级"工业遗产信息公开管理系统建构的技术路线。并结合我国近现代工业史，从时空分布、行政区分布、行业分布、保护情况、再利用情况等不同角度对我国工业遗产目前的研究现状进行了系统科学的总结性研究，并进行了可视化表达。

以天津为例，对"城市层级信息管理体系"的"普查管理系统"的建构进行技术路线的探索研究。结合天津近现代工业发展、城市发展历史，从时间分布、空间分布、行业分布、保护及再利用情况等角度对天津市工业遗产的现状进行全方位解读，并利用 GIS 技术对天津市工业遗产廊道体系进行建构，探索了建构城市工业遗产廊道体系的科学技术路线，并对天津市工业遗产的再利用潜力进行了科学研究，指导天津市工业遗产的廊道体系规划。

以北洋水师大沽船坞为例，对"遗产本体层级"的"遗产本体层级管理系统"和 BIM 信息模型的建构进行技术路线的探索性研究。结合 GIS 技术，对北洋水师大沽船坞的历史沿革进行了研究，对其厂区内遗产环境、工业建（构）筑物遗产、设备遗产、普通建（构）筑物等要素的信息进行管理，并利用专家打分加权法对大沽船坞进行遗产价值评估和再利用价值评估，对其保护规划进行指导，并将 GIS 技术应用于保护规划的绘制工作当中；结合 BIM 技术，研究其工作流程，建构轮机车间、甲坞的信息模型，基于自主开发的软件，对轮机车间的残损信息进行管理，用于其修缮保护工程的信息管理当中。

二、研究意义

通过对世界范围内工业遗产、文化遗产相关的信息采集与先进经验进行总结，并结合我国的实际国情，建立我国工业遗产信息采集与管理体系，具有重要的开创意义。

基于信息化技术，对工业遗产的信息采集与管理体系进行了整体建构和实例研究，对推动我国工业遗产乃至文化遗产领域的信息化进程具有重要的意义。

对我国工业遗产普查的内容、《中国工业遗产普查表》制定、填表说明、遗产编号、行业类型编号等内容进行了论述，对以城市为单位的工业遗产普查的具体实施具有重要的指导意义。

根据中国工业遗产定义，对工业遗产文物保护单位的要素构成进行了研究，针对文物环境、建（构）筑遗产、设备遗产以及非文物要素的信息采集内容等进行了阐述，并制定了一系列经实践验证过的信息采集表，对我国工业遗产类文物保护单位信息采集工作的具体实施具有重要的指导意义。

通过对全国工业遗产信息的全面采集，实现了现阶段我国工业遗产研究成果的统筹管理。并基于 GIS 技术对"全国工业遗产信息管理系统"进行建构，从时空、行政区、行业、保护、再利用情况等多个角度对我国工业遗产的研究现状进行了解读，对我国工业遗产至今的研究情况进行了全面总结，具有重要的总结意义，对未来我国工业遗产研究工作的开展具有重要的建设性价值。是未来我国工业遗产专项普查的第一手基础资料。

以天津市、北洋水师大沽船坞为案例，对 GIS、BIM、C++ 语言二次开发等技术在工业遗产信息管理、研究、遗产廊道体系建构、价值评估、保护修缮信息管理等方面的应用进行实践探索。对一定区域内工业遗产的信息化管理系统的建构具有重要的探索意义，对 GIS、BIM 等信息化技术应该如何应用到工业遗产文物保护单位的保护规划、保护工程以及管理中具有重要的探索意义。

通过对相关工业建筑设计资料并结合实践经验，总结出具有典型性的工业建(构)筑物遗产的构件名单，将其用于信息采集和信息模型的建构。结合名单，利用 Revit 技术，初步创建了我国"工业遗产 BIM 标准化构件族库"，并实现了构件的参数化设计，使其适用性大大增加，具有重要的技术探索意义。

第六节　研究方法及框架

一、研究方法

文献计量法：文献计量法是使用统计学原理对过往文献进行定量研究的一种学科交叉式的方法。本文中，以 CNKI 为信息来源，对我国工业遗产相关的学术论文进行全面收集，建立数据库；然后从关键词的角度进行解读，从而发现了我国工业遗产信息采集与管理的研究领域存在巨大空白。

经验总结法：对世界遗产、英国、美国、法国，以及我国第三次文物普查、文物保护单位档案管理要求、保护规划编制要求、保护工程编制要求等国内外相关经验进行全面总结，是提出我国工业遗产信息采集与管理体系的坚实基础。

实地调研法：对全国工业遗产进行信息采集中，对天津、北京、上海、哈尔滨、西安、济南、青岛、重庆、成都、南京、武汉等全国重要城市的工业遗产进行了实地调研。对天津工业遗产进行了全面的普查，并对北洋水师大沽船坞进行了详细的调查。

实证研究法：本文中，为了验证我国工业遗产信息采集与管理体系建构的可行性，通过总结国内外先进经验，并多次实地调研、三维激光扫描信息采集，积累了大量实践经验，编制了针对普查和遗产本体层级的信息采集表；并基于 GIS、BIM 技术分别建立了"全国工业遗产信息管理系统""天津工业遗产普查信息管理系统"和"北洋水师大沽船坞遗产本体信息管理系统"，以及轮机车间、甲坞、设备的 BIM 信息模型，对信息管理系统的建构、应用进行实证研究。

定量分析法：本文中，对我国工业遗产的研究现状、天津工业遗产廊道体系、北洋水师大沽船坞的价值评估等案例研究中，均采用了 GIS 技术和数学公式进行定量计算的方法进行研究，保证了研究结果的科学性、严谨性。

二、研究框架

本文的研究框架主要包含三部分（图 1-16），分别对应提出的三个研究问题：一是我国工业遗产信息采集与管理体系的建构研究，在总结国内外经验的前提下，通过"基本""普查""专业"三个层级对我国工业遗产信息采集与管

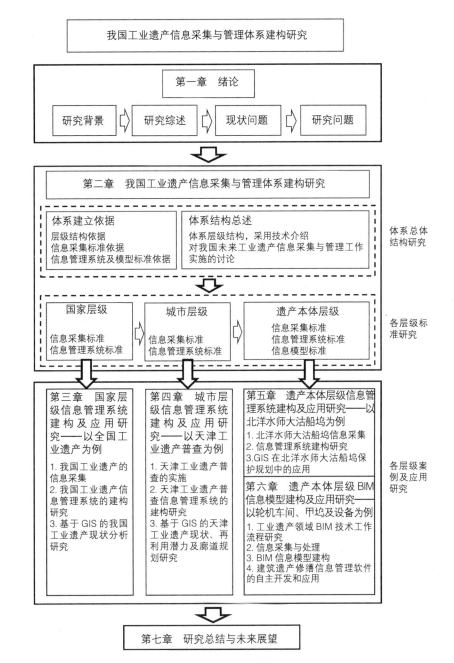

图 1-16 我国工业遗产信息采集与管理体系研究框架图

理体系进行了建构。二是基于三个层级，以全国工业遗产、天津工业遗产普查和北洋水师大沽船坞为典型案例，从信息采集、系统建构、分析研究的工作流程出发，对管理体系进行了实例研究的验证。三是通过这三个案例的研究，回答了我国工业遗产领域的三个重大现实问题：①我国工业遗产的总体面貌是怎样的？②如何基于 GIS 对某城市工业遗产的保护再利用进行科学规划？③如何基于 GIS、BIM 技术完成工业遗产文保单位的保护工作？

第七节　研究创新及未尽事宜

一、研究创新之处

信息化背景下，结合国内外相关经验以及我国国情，在工业遗产信息采集与管理领域是重要的理论体系创新。本文以我国工业遗产信息采集与管理体系为研究对象，从体系建构、实践验证两个方面对体系进行科学论证，填补了我国工业遗产领域的研究空白；结合国内外标准和经验，基于信息化技术，对我国工业遗产信息采集与管理体系进行了建构，实现了从传统档案、数字化管理到信息化管理的转变。

为实现"信息管理系统"和"建筑遗产修缮信息管理软件"的开发，笔者自学 C++ 计算机语言、ArcGIS Engine 开发组件和 Revit SDK 开发组件应用方法，并将其应用在相关软件开发中，是在工业遗产信息管理领域的技术创新。

编制了标准化的工业遗产普查表和用于工业遗产文保单位专业性勘察的详细调查表；自主开发了"全国工业遗产网络地图"，已向专家和大众开放；自主开发了《全国工业遗产信息管理系统》《天津工业遗产普查管理系统》，实现了不同用户对工业遗产信息的浏览、查询、检索和数据统计功能，基于 Revit 的《建筑遗产修缮信息管理软件》，实现了建筑遗产各修缮阶段信息的整合管理。并且，上述软件均已获得国家版权局认证。

从时空、行业、保护、再利用等方面，首次揭示了我国工业遗产的整体情况，提出了我国工业遗产的"三大分区"；其次，建构了"天津工业遗产普查 GIS 数据库"及信息管理系统，对天津工业遗产的再利用潜力、廊道规划进行了研究；最后，针对工业遗产文物保护单位保护规划和保护修缮工程的信息管理，以北洋水师大沽船坞为例，建立了相应的数据库和信息管理系统，开发了建筑遗产修缮信息管理软件，并探索性地制定了我国"工业遗产 BIM 标准化构件族库"，对 14 个常用构件进行了参数化设计，对构件族和设备的属性表内容进行了标准化设计。上述开发的软件均已获得国家版权局颁发的软件著作权证书。

二、研究未尽事宜

本文中对全国、天津市以及北洋水师大沽船坞遗址进行了不同深度的信息采集。但信息采集的对象在现实世界中是不断变化的，不论是何种深度的信息，都存在时效性的问题。信息采集不是"毕其功于一役"，而是一个需要随着时间推移不断更新的过程。因此，由于精力、物质、时间等客观条件所限，本文中信息采集的数据时间截至 2018 年 6 月，对于 2018 年 6 月之后研究对象可能产生的变化，将在未来的研究中不断跟进，持续更新数据库中的数据。

在 GIS 数据库框架标准中没有讨论要素图式的问题，其原因为：首先，针对遗产方面，我国地理信息行业没有相关的国家标准；其次，图式作为一种表象，与个人审美有很大关系，自己制定的图式标准毫无说服力；最后，图式不是数据库的核心问题，图式的差异不影响数据库之间的信息交流，所以不涉及信息采集与管理体系的核心问题。因此，对此问题并没有讨论。

我国幅员辽阔，不同工业类型、不同时间和地区的工业建（构）筑物构造做法存在较大差异。因此，凭借一己之力很难穷尽所有构件的 BIM 标准化的建构工作。本文中，"工业遗产 BIM 标准化构件族库"从技术探索性的角度出发，初步制定了 14 个常见构件的 BIM 标准化族，并实现了构件族的参数化。但未来该族库的补充任重而道远，将是未来研究的重大课题之一。

第一节　体系结构总述

"我国工业遗产信息采集与管理体系"的建构基于以下四点：①对国内外遗产领域相关研究的梳理与总结；②以国际工业遗产保护协会的《下塔吉尔宪章》《都柏林准则》《台北亚洲工业遗产宣言》为指导纲领；③结合我国近现代工业发展历程和文化遗产保护管理现状的基本国情；④我国地理信息国家标准、工业建筑设计权威资料等。以此为依据进行体系建构。本体系建构研究主要解决两大核心问题：信息采集标准和信息管理标准；前者解决信息内容的问题，即采集哪些信息，并制定一系列标准化的信息采集表，用于规范各层级采集工作的成果；后者解决如何管理的问题，即在信息采集成果的前提下，以 GIS、BIM 技术为工具，为信息管理系统和信息模型制定统一的标准化的数据库框架和 BIM 模型深度要求和标准化族库。本体系是一个动态发展的系统，随着工业遗产认知的更新、保护利用目的的改变、技术的发展，将推动本体系的不断完善。

"我国工业遗产信息采集与管理体系"的采集与管理对象为中国工业遗产，基于《下塔吉尔宪章》《都柏林准则》《台北亚洲工业遗产宣言》，其定义为"时间跨度为 1840—1978 年，在我国境内的具有历史、技术、社会、建筑以及科学等价值的工业遗存；这些遗存包括物质和非物质两类，其内容涵盖但不仅限于：工业生产、管理、生活相关建（构）筑物、工业厂区环境、设备、文献档案及其他物品；工艺流程，工厂文化，个人和组织等。"

工业遗产作为一种新型的遗产，在信息采集与管理的体系建构中应充分考虑其研究现状和遗产本身特殊性。我国工业遗产研究目前虽受到多方部门、机构和学者的关注，但各方信息缺乏统筹，我国工业遗产的全貌仍未可知；我国工业遗产目前的研究要求应是尽快了解全国工业遗产全貌，并组织专项普查。工业遗产本身的特殊性主要表现在其科技价值和完整性之中：工业遗产是科学技术发展的历史见证，作为曾经以工业生产为主要活动的场所，工业建（构）筑物遗产的重要性相对弱化，主要以机械设备为载体的生产工艺流程十分重要，对其科技价值和完整性的关注是工业遗产最显著的特殊性。

本体系的目的：结合我国工业遗产研究现状，建立统一的、标准化的工业遗产信息采集与管理体系，制定我国工业遗产在基本、普查、专业三个层级的信息采集内容标准、信息管理系统框架标准以及 BIM 信息模型标准。以此解决了我国工业遗产信息公开程度低、全国工业遗产整体情况仍未可知、工业遗产文物保护单位认知、信息管理技术落后等现实问题，为我国工业遗产普查提供第一手基础资料。

一、体系建立依据

（一）体系层级依据

本文中所建构的"我国工业遗产信息采集与管理体系"在层级上分为"国家层级""城市层级""遗产本体层级"。分级依据是综合世界遗产、英、美、法以及我国自身的遗产信息采集经验，进行比较，总结出了工业遗产信息采集与管理的三个目的及其对应的三个信息层级：一是以宣传为目的的国家层级；二是以发现新遗产为目的的城市层级；三是以重点保护研究为目的的遗产本体层级（表 2-1）。

国内外遗产信息采集与管理的三个层级比较　　　　　表 2-1

机构或国家	国家层级	城市层级	遗产本体层级	
世界遗产中心	世界遗产名录信息系统	执行摘要	申请列入《世界遗产名录》材料	
英格兰	1. 英格兰国家遗产名录信息管理系统 2. 历史英格兰信息采集等级 2	1. IRIS 工业遗产普查 2. 历史英格兰信息采集等级 2	历史英格兰信息采集等级 3	历史英格兰信息采集等级 4
美国	等同于 HABS、HAER 简要调查表和大纲调查表的信息	HABS、HAER 简要调查表	HABS、HAER 大纲调查表	
法国	等同于法国工业遗产普查的信息	法国工业遗产普查	—	
中国	国家文物局公共信息服务系统	第三次全国不可移动文物普查表、我国各重点城市工业遗产专项普查表	文物保护单位保护规划及保护工程的信息采集要求	

（二）信息采集标准依据

　　本文中，体系分为"国家层级""城市层级""遗产本体层级"。"国家层级"目的为对我国工业遗产研究成果进行统筹，揭示我国研究现状，宣传我国工业遗产研究成果以及为未来我国工业遗产普查提供第一手资料。"城市层级"的目的是支持我国工业遗产普查项目的实施，提供标准化的"普查表"和信息管理系统。"遗产本体层级"的目的是工业遗产文物保护单位的研究、保护规划和保护工程的进行。

　　国家层级的信息采集标准依据：本文中我国工业遗产的定义，历史英格兰信息采集等级 1 内容，以及对国内外遗产信息公开系统的综合性研究和我国工业遗产的研究现状。

　　城市层级的信息采集标准依据：首先是本文中我国工业遗产的定义，然后是历史英格兰信息采集等级 2，最后是国内外相关的普查表或普查内容，包括：英国 IRIS，美国 HABS、HAER 简要调查表，法国工业遗产普查内容，我国《第三次全国文物普查不可移动文物登记表》，以及北京、上海、天津、济南、南京等城市的普查表。

　　遗产本体层级的信息采集标准依据：首先应遵从的也是本文中我国工业遗产的定义，然后是历史英格兰信息采集等级 4 和美国 HABS、HAER 大纲调查表，最后是我国保护规划、保护工程相关的信息采集要求。

（三）信息管理系统标准依据

1. GIS 数据库

　　信息管理系统对信息的管理是通过调取数据库的数据实现的。本文中，数据库主要包括 ArcGIS 的 GIS 数据库和基于 Windows 文件数据库的文件数据库。因此，信息管理系统的标准化主要从两方面体现，一是 GIS 数据库框架，主要包括要素的种类、名称、属性表信息标准、空间要素的类型等；二是文件数据库的组织结构、文件夹层次、名称等。数据库框架标准化的研究，有利于我国工业遗产信息的流通和汇总。

　　GIS 数据库的标准化研究主要依据综述中对国内外信息管理系统的总结，以及我国测绘地理信息行业的相关国家标准，主要包括我国《陆地国界数据规范》《地理信息公共平台基本规定》《数字城市地理信息公共平台运行服务质量规范》《国家基本比例尺地图 1：250000　1：500000　1：1000000 正射影像地图》《国家基本比例尺地图 1：500　1：1000　1：2000 正射影像地图》等国家规范。其中，国家层级的功能主要面向公众，依照《地理信息公共平台基本规定》，比例尺应在 1：250000；城市层级的主要功能面向的是城市普查和管理规划，依照《数字城市地理信息公共平台运行服务质量规范》，比例尺应在 1：500 至 1：2000；遗产本体层级的主要功能面向的是详细研究、保护规划的制定，理想的状态应采用 1：1 比例尺的数据，但在实际操作中，因数据均是通过各地测绘部门获得，并且大比例尺的测绘成本和操作难度十分巨大，在目前不存在操作价值，遗产本体层级的地理数据的比例尺可放宽至 1：2000。

国家层级的 GIS 数据库框架首先要尊重工业遗产的特性，并参考《国家基本比例尺地图 1：250000 1：500000 1：1000000 正射影像地图》的相关内容建立框架标准。城市层级和遗产本体层级的 GIS 数据库框架首先要考虑工业遗产相关的要素，并参考《国家基本比例尺地图 1：500 1：1 000 1：2000 正射影像地图》的相关内容建立框架标准。尤其是遗产本体层级的 GIS 数据库框架，更应该从工业遗产本身和保护规划制定的角度出发。

2. 文件数据库

文件数据库的用途是储存工业遗产普查和遗产本体层级信息采集时所产生的文献资料，如调查表、测绘图、照片、录音、文献、文本、图纸等。这些文件有些直接加载入 GIS 数据库效果不好，有些无法加载，因此需要建立文件数据库对其系统存档。并将其链接入信息管理系统，进行统一管理。

本文中文件数据库基于 Windows 文件数据库进行建构，主要的依据是信息采集成果类型和所产生的文献资料的文件格式。

（四）BIM 信息模型标准依据

本文中 BIM 信息模型标准化的制定主要从 BIM 信息模型的深度要求和"工业遗产 BIM 标准构件族库"出发。

由于我国目前尚未出台 BIM 相关的行业标准，并且在我国现有的 BIM 工程师培训书籍中基本沿用外国的标准规范，因此，本文中 BIM 信息模型的深度要求参照历史英格兰的《遗产 BIM：如何建构历史建筑 BIM 信息模型》（*BIM for Heritage：Developing a Historic Building Information Model*）[52] 中的论述，并结合实践经验和我国国情进行研究。

"工业遗产 BIM 标准构件族库"的研究首先综合我国 1994 年版《建筑设计资料集》[53]《工业建筑设计原理》[54] 以及《中国工业建筑遗产调查表记录与索引》（刘伯英，2012 年）中对工业建筑构件的总结。选取了 14 个有代表性的构件进行了标准化建构，并实现了构件参数化设计，使其适用于更多的模型之中。

"工业遗产 BIM 标准化构件族库"的制定旨在从技术探索性的角度出发，而未来该族库的完善工作将是长期的研究方向。

二、体系的总体结构

我国工业遗产信息采集与管理体系的总体结构将从体系层级、目的、技术、面向用户等方面进行论述。

"我国工业遗产信息采集与管理体系"的结构包括"国家层级""城市层级"和"遗产本体层级"三个层级，在空间尺度上是从宏观到微观的过程，从信息层级是信息深度依次增加的过程（图 2-1）。

"国家层级"在信息层面仅包括工业遗产的基础性信息，这些信息可通过肉眼观察直接获得，可不进行测量。关注的是宏观层面，如国家、省份、城市等层面的工业遗产群的信息采集与管理。国家层级的信息采集的内容主要为工业遗产的一些基础性信息，如名称、年代、行业、地址等。该层级信息采集的深度较浅。管理系统主要基于 GIS 技术，建立全国基本信息管理系统和网络版电子地图，主要面向的用户为想要了解工业遗产的社会公众、想要进行工业遗产旅游的游客、工业遗产保护志愿者等。

"城市层级"在信息层面应深入工业遗产的构成，除了工业遗产整体的基础性信息，还应关注重要的遗产环境、建（构）筑物遗产和设备遗产的信息。

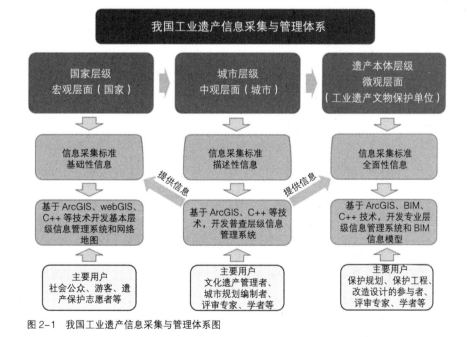

图 2-1　我国工业遗产信息采集与管理体系图

"普查体系"是中观层面,如城市、区县等层面的工业遗产群的信息采集与管理。城市层级的信息采集的内容主要包括工业遗产基础性信息,以及工业遗产环境、重要建(构)筑物遗产、重要设备遗产、生产工艺流程、相关人、团体以及相关文献等。管理系统主要基于 GIS 技术,主要建立普查信息管理系统,主要面向的用户为城市规划的编制者、文化遗产管理者、普查成果评审专家、工业遗产保护名录制定专家等。

"遗产本体层级"在信息层面是对遗产信息的全面采集,应对遗产本体的各组成要素进行全面的信息采集,也应对周边环境进行信息采集。"遗产本体层级"关注的是微观层面,一般为某一工业遗产文物保护单位的信息采集与管理。遗产本体层级体系的信息采集内容最为全面,原则上将包括工业遗产环境、工业建(构)筑物遗产、设备遗产、生产工艺流程、相关人、团体以及相关文献的全部信息;并应对工业遗产的周边环境、周边建筑以及所处地区、城市的社会经济大环境进行信息采集。管理系统基于 GIS、BIM 技术,建立遗产本体信息管理系统和 BIM 信息模型,主要面向的用户为保护规划、保护工程及再利用设计的参与者、评审专家、研究学者等。

对 GIS 进行二次开发所得到的桌面版客户端和网络地图,针对性强,且可让不具备 GIS 知识的人轻松使用,便于政府、文化遗产学者、规划师、建筑师、社会公众的使用。

其中,"城市层级"具有重要地位,将是本文中论述的重点。因为,首先,"国家层级"的信息采集来源是普查的成果,"国家层级"提取了其中的工业遗产的基本信息,进行全国基本信息管理系统的建构。其次,"遗产本体层级"的信息采集对象是工业遗产文物保护单位,而文物保护单位遴选的信息基础是普查信息管理系统。对于当今我国工业遗产的研究现状而言,进行统一的全国层面的工业遗产普查是重中之重。

三、体系应用技术介绍

(一)信息采集技术

1. 工业遗产普查主要技术

工业遗产普查所采用的传统技术手段为人工记录和测绘,其工具包括随身画板、白纸、卫星图或 CAD 图、《中国工业遗产普查表》、铅笔、橡皮、多色圆珠笔、卷尺、激光测距仪、录音笔、数码相机、GPS 仪(以上三者均可用智能手机代替)。与此同时,由于部分工业遗产处于停产、拆迁等境遇,现场调研可能遇到很多突发状况,普查人员的安全应摆在第一位,必要条件下应准备必要的防护措施，如安全帽、口罩、创可贴、防虫喷雾等。

随着智能手机的普及，越来越多地代替了相机、GPS 仪甚至是尺子。首先，通过设置，智能手机拍照时选择开启"记录地理位置"功能。在拍照的同时将记录拍照地点的经纬度坐标，在普查中，这将是十分便利的技术手段（图 2-2）。其次，由于 AR 技术（Augmented Reality，增强现实技术）的蓬勃发展，基于手机摄像头的摄影测量技术已经日益成熟，如苹果公司的 ARKit 技术，基于其开发的软件"Fancy AR 尺子"，可完全应用于遗产的普查当中。

2. 工业遗产详查主要技术

三维激光扫描技术，是 20 世纪 90 年代中期出现的一种以三维激光扫描仪和扫描信息处理技术为核心的数据采集与处理技术[55]。它通过使用高速激光扫描测量的方法，快速、大量地获取被测对象表面的三维坐标信息，从而为快速建立物体的三维影像模型提供了一种全新的技术手段。对于文物建筑的测绘而言，三维激光扫描技术具有不接触文物本体、能够快速获得大面积目标空间信息、主动发射光源扫描不受时间限制、直接获得全数字化"点云"成果等优势。因此，可用于工业建（构）筑物遗产的信息采集当中。

无人机航拍技术在我国建筑测绘领域开始为人关注。2008 年，天津大学建筑学院李哲老师的博士论文《建筑领域低空信息采集技术基础性研究》中，对飞行器作业原理进行描述；并通过大量实例进行分析，总结通用的操作方法，并对未来发展进行了展望[56]。在该领域具有开创意义。

无人机航拍在目前的文物建筑测绘中应用越来越广泛（图 2-3），与此同时，国家也出台了相应的管理规范。2016 年，中国民航局出台了《使用民用无人驾驶航空器系统开展通用航空经营活动管理暂行办法》，第五条规定"有与所使用无人机（7 千克以下及植保无人机除外）相适应，经过专业训练、取得相应执照或训练合格证的驾驶员"[57]，也就是说，在使用无人机航拍时对 7 千克

图 2-2　照片经纬度坐标信息的提取

图 2-3 天津工业遗产法国电灯房旧址航拍鸟瞰图
图片来源：陈凯

以下的设备限制较少，并且随着技术的进步，大多数无人机的重量都在 2 千克以下，这也给了我们较多的选择。

（二）信息管理技术

本文中信息管理技术主要采用了 GIS 技术和 BIM 技术。GIS 技术是建立信息管理系统的核心技术。信息管理系统主要包括 GIS 数据库框架的建构以及信息管理系统的开发，其中 GIS 数据库是核心。采用 ArcGIS 10.2 软件来建构 GIS 数据库，用 C++ 语言，采用编程的方式开发了各层级信息管理系统，并实现了一定的功能。

BIM 技术指的是建筑信息模型技术，是近年来建筑行业发展比较迅速的一个概念。主要的软件有 Autodesk 公司的 Revit 系列软件，Bentley 公司开发的 Bentley 软件以及匈牙利 Graphisoft 公司开发的 ArchiCAD 软件等。在我国主要推行的是 Revit 系列软件。因此，针对工业建筑物、构筑物和设备遗产的 BIM 信息模型建构中，主要利用 Revit2016 软件进行，并结合 Revit SDK、C++ 进行了"建筑修缮信息管理软件"的开发。

第二节　国家层级标准研究

一、信息采集标准

国家层级信息采集与管理的主要目的是统筹我国工业遗产研究成果，推动我国工业遗产全国基本信息管理系统的建设，建立遗产保护与社会公众的交流通道，加强工业遗产的宣传力度和公众参与。通过对世界遗产、历史英格兰的遗产信息公开的研究，并综合我国国情和工业遗产的特殊性，得出国家层级公开信息采集标准所采集的内容。国家层级公开信息采集的内容包含工业遗产的"基础性信息"，这些信息可通过文献和实地调研等方法，由调查者肉眼进行观察就可完成采集。本文中将国家层级公开信息采集标准的内容总结为：基本信息、情况描述、照片、厂区范围。其中，由于当下网络电子地图已发展成熟，基本信息中的遗产名称、经纬度坐标、省份、城市、地址、始建年份、行业类型、保护及再利用情况等内容通过网络检索就可轻松获得，是必填项目，其他项目如有困难则可以不填。具体情况如表 2-2 所示。

国家层级信息采集标准   表 2-2

分类	内容
基本信息	遗产名称、经纬度坐标、省份、城市、地址、始建年份、行业类型、保护等级、再利用情况
情况描述	历史及现状的描述
照片	工业遗产整体视角的照片一张
厂区范围	工业遗产的厂区边界

二、信息管理系统标准

GIS 数据库是信息管理系统的核心。国家层级的"全国工业遗产 GIS 数据库"框架参考了我国测绘地理信息行业相关国家标准，应包括"全国工业遗产点要素"和"底图要素集"。

我国工业遗产的国家层级信息管理系统的目的是宣传。具体而言，是为了将全国或某地区、某省份的工业遗产的分布、保护及再利用对公众进行信息公开，宣传工业遗产保护理念，促进工业遗产旅游发展，监督工业遗产保护情况，为社会公众了解工业遗产提供一个有效的途径。为了更好地达到宣传和信息公开的目的，国家层级信息管理系统应包括桌面客户端版和网络版系统两种。客户端版方便用户的下载、拷贝以及在无网络的情况下使用；网页版底图的内容与桌面版相同，可通过电脑、手机等个人电子设备链接网络即可轻松访问。网页版系统应号召社会公众参与到工业遗产的信息采集当中，将自己所了解的工业遗产线索、拍摄的照片等信息提供给系统主管部门，因此网页版系统应向公众提供管理部门的电子邮箱、电话或网站链接等信息。

国家层级信息管理系统主要基于 GIS 技术进行实现，首先建构 GIS 数据库，由系统管理者对信息采集结果进行录入，然后开发信息管理系统客户端版和网络地图，两个版本的系统通过调取 GIS 数据库的信息，对工业遗产进行可视化展示。客户端版基于 ArcGIS Engine 和 C++ 等计算机语言进行开发，网络地图可基于

WebGIS 开发，也可上传至网络上的公共信息系统，如极海等。国家层级信息管理系统中，工业遗产以"点"的形式存在，根据以宣传为目的的实际需求，通过电子地图交互的方式，向使用者提供空间信息模块（工业遗产的空间展示）；属性检索模块（查询服务）；地图操作模块（显示界面操作）；分析统计模块（工业遗产现状统计展示）；交流模块（管理者联系方式）。上述内容将在第三章中结合"全国工业遗产信息管理系统"的建构进行详细的论述，笔者所开发的软件已获得国家版权局颁发的软件著作权（图 2-4）。

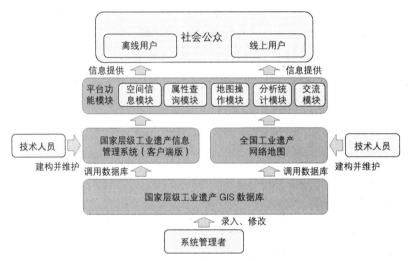

图 2-4　基本信息管理系统运行模式图

第三节　城市层级标准研究

一、信息采集标准

（一）城市层级信息采集内容的确定

　　城市层级信息管理体系的目的是，编制统一的标准化的《中国工业遗产普查表》，推动我国以城市为单位的工业遗产专项普查的实施，标准化要求普查的成果，为建立全国统一标准的"城市层级工业遗产信息管理系统"奠定基础，为各级工业遗产文物保护单位的遴选提供基础数据，为省份、城市、区县的工业遗产保护与再利用整体规划提供研究分析指导。根据我国工业遗产定义，结合工业遗产在科技价值、完整性中的特殊性，以及工业生产可能造成的污染性，普查信息采集内容应包括：①基本信息（厂区）；②生产工艺流程；③工业建（构）筑物及遗址；④主要机械设备；⑤测绘图；⑥照片；⑦参考文献；⑧其他必要信息（表 2-3）。普查信息采集工作需要采集者在做好充分的背景资料收集的前提下，进行实地调研，利用统一的《中国工业遗产普查表》进行标准化信息采集，采集过程中需要进行摄影、测量、绘制草图和录音，因此应配备相应的工具和设备。

城市层级信息采集标准内容 表 2-3

基本信息（厂区）	名称、行业类型、保护等级、是否存在危险、年代、权属人、联系人方式、地址、GPS点、现状描述、历史沿革、占地面积、是否存在污染及区域、调查者等
生产工艺流程	产品、生产工艺及流程介绍
工业建（构）筑物及遗址	编号、名称、位置、年代、功能、结构、面积、层高等
主要机械设备	编号、名称、位置、年代、功能、制造商、尺寸等
测绘图	简易测绘图，厂区范围，重要建（构）筑物的平面、立面等
照片	工业遗产整体形象照片、主要建筑照片、主要设备照片等
参考文献	参考文献列表及所在位置
其他必要信息	其他采集到的重要信息或线索

（二）城市层级信息采集标准——《中国工业遗产普查表》的制定

1. 普查表的制定

本普查表适用于中国境内工业遗产的普查工作，普查工作应以城市为单位进行。内容上符合城市层级信息采集标准。本普查表的目的是通过制定统一的《中国工业遗产普查表》，推动全国层面的工业遗产普查的开展，实现普查工作中的标准化，为工业遗产普查信息管理系统的建立提供扎实的基础。

在普查表的设计中应考虑操作性的问题。因为普查工作中进行填表的人员并非都是工业遗产保护的专业人员，大部分志愿者可能是大学生或社会志愿者，他们并不具备大量的专业知识背景。因此，第一，普查表格式的设置应该力求简单、易用，应该学习《全国第三次不可移动文物登记表》中设置选项，让填表者通过勾选的方式进行填写，增加信息采集效率；第二，结合我国上海、北京、天津、济南、南京等重点城市工业遗产普查表内容；第三，英国工业考古学会的 IRIS 调查表中，包含了对工业遗产价值评估的部分，这一方面在本采集表中将不采用，因为填表者在不具备专业知识的情况下，对采集对象进行价值评估其结果并不可信。

《中国工业遗产普查表》格式由以下几部分构成：①封面，主要包括名称、编号、调查实施单位、调查人、调查时间；②基本信息，主要包括名称、编号、地址、厂区经纬度坐标、所述行业类型及编号、产权所有者、联系人及电话、厂区占地面积、总建筑面积、始建年代、保护等级、是否存在危险、现状情况、历史沿革、重要人物、污染情况；③主要产品、生产工艺及流程介绍；④重要建（构）筑物遗产，包括编号、名称、始建时间、功能、结构类型、面积、层高、层数、保存情况；⑤重要设备遗产，包括编号、设备名称、购置时间、制造商或国家、功能、尺寸（长宽高）、保存状况；⑥测绘图；⑦照片；⑧参考文献和其他信息。

2. 编号填写规范的编制

《中国工业遗产普查表》中工业遗产编号由三部分组成：省份编号—城市编号—工业遗产编号。本文中，中国工业遗产编号规范的制定中，省份编号和城市编号参考了我国行政区机动车辆车牌编号。因为机动车辆车牌编号体系极为成熟并且深入人心，因此，在实际操作中，可以免去大量的培训成本。工业遗产编号则可采用四位阿拉伯数字的编号，依照普查顺序进行编写，如鲁—A—0001。

3.《中国工业遗产行业类型及编号规范》的编制

中国工业遗产行业类型及编号规范，首先，参考了英国工业考古学会的 IRIS 调查表中的行业类型编号；其次，应以我国国情为基础，制定符合我国实际情况的行业类型及编号规范。我国近代史的开端为1840年,期间经历了清末、中华民国、中华人民共和国三个阶段。我国近现代工业发展的历程以中华人民共和国成立为节点，分为近代工业发展时期和现代工业发展时期，近代工业发展时期主要支配我国工业的是外国资本、我国民族资本和官僚资本；我国主要的工业分布在东北和东部、南部沿海地区，工业类型主要以纺织、食品等轻工业为主，重工业较为薄弱。现代工业发展时期国有工业占据了主导地位，在中华人民共和国成立初期受到苏联的援助，我国工业结构和空间分布产生了极大的变化，内陆地区的工业得到了极大的发展。因此，应对我国1949年之前的近代工业类型和1949—1978年的现代工业类型进行梳理，才能制定出符合我国国情的工业遗产行业类型及编码规范。

笔者翻译整理了英国工业考古学会 IRIS 调查表中的行业类型编号。该编号根据英格兰的工业发展情况，采用了两级分类的模式，共包含能源、食品、包装、金属冶炼、采矿、机械加工等 17 个大类,每个大类共有若干小类,合计 104 小类。例如其金属、机械行业分类对我国工业遗产普查表中的行业分类具有很高的指导意义，但是由于国情不同，又有很多不适宜的地方，例如烟草生产在我国近现代是较为发达的产业，英国工业考古学的分类中就没有，再如，我国现代发展的大量航天、军工、电子类遗产在其中没有体现等。具体结果应结合我国近现代工业发展史来进行调整，详情见本文第四章内容。

1993 年的英国工业遗产考古学会所编制的工业遗产 IRIS 调查表以标准化和数字化为初衷进行编制，内容翔实，逻辑清晰，符合当时英国国情和技术发展情况，对我国工业遗产普查表的编制具有重要的借鉴价值。但也存在很多问题，这些问题主要是由于国家工业发展历程、文化遗产保护体系不同所造成的。

我国近代工业类型，孙毓棠先生、汪敬虞先生所著的《中国近现代工业史资料》中将我国近代时期的工业分为：纺织工业、食品工业、卷烟工业、蛋品加工业、化学工业、造纸工业、皮革工业、火柴工业、制药工业、橡胶工业、水泥工业、钢铁工业、机械工业、电力工业和采矿业。1936年，中华民国实业部，统计学专家唐启贤在1936年发表论文《工业分类之研究》，将近代时期工业类型分为14大类120余小类。该分类对当时我国的工业类型进行了细致的分类，几乎包括当时所有的工业类别，具有较高的借鉴意义。但由于历史原因，该分类中部分名称与类别与我国目前常用的工业分类存在较大差异。如，化学工业中的赛璐珞（Celluloid）其实为塑料制品（Plastic）的一个品牌，而人造象牙、软片、电木等也均属于塑料制品。

我国1949—1978年的工业分类可从当时我国工业行业分类标准中得到。1982年版《中国统计年鉴》，在1981年时工业分类包括冶金工业、电力工业、煤炭及炼焦工业、石油工业、化工工业、机械工业、建筑材料工业、森林工业、食品工业、纺织工业、缝纫工业、皮革工业、造纸及文教用品工业13大类。

1984年，我国发布《国民经济行业分类》，其后于1994、2002、2011和2017年经过了4次修订。1984年的版本距离本文中工业遗产界定时间最为接近，具有较高的参考价值。《国民经济行业分类》GBT4753-1984发布于1985年1月1日，整体结构体系包括13门类、75大类、310中类、668小类四个等级。门类包括：I农林牧渔水利业，II工业，III地质普查和勘探业，IV建筑业，V交通运输、邮电通讯业，VI商业、公共饮食业、物资供销与仓储业，VII房地产管理、公共事业、居民服务和咨询服务业，VIII卫生、体育和社会福利事业，IX教育、文化艺术和广播电视事业，X科学研究和综合技术服务事业，XI金融、保险业，XII国家机关、政党机关和社会团体，XIII其他行业。其中和工业遗产相关的行业门类为II工业，IV建筑业，V交通运输、邮电通讯业，VI商业、公共饮食业、物资供销与仓储业中"储藏业"部分。

根据对《国民经济行业分类》GBT4753-1984中与工业遗产有关分类的整理，认为该分类体系中所包含的行业类型是对我国当时所有的工业行业相关类型的全面总结，其内容包括了英国《IRIS工业遗产普查表》、我国民国时期的统计学专家唐启贤的《工业分类之研究》以及1982年版《中国统计年鉴》中工业分类的内容，但其内容仅包括民用工业的行业类型，并未包括军事工业。军事工业对国家的国防和军队实力具有重要意义。我国军事工业开创于清朝末年洋务运动时期，第一个军事工厂为1861年曾国藩在安徽安庆怀宁县创立的安庆军械所，其后李鸿章分别在上海、天津相继开创了江南机器局（1865年）和天津机器局（1867年），张之洞在汉阳开创了汉阳兵工厂（1892年）。中华民国时期的军事工业基本继承了清政府和北洋政府的军工系统，并在其基础上有所发展，至中华人民共和国成立时，全国共有军工厂162处，政府更加注重军事工业的发展，"一五"时期苏联援建的"156项目"中，就有44处为军事工业，因此，军事工业遗产在我国工业遗产中应当占有了一定比重。

本文中《我国工业遗产行业类型及编号规范》以我国《国民经济行业分类》GBT4753-1984中工业相关列表作为基础，并将军事工业行业类型进行补充。《中国工业遗产行业类型及编号规范》的结构分为两级：大类和小类，大类指的是某工业类型的概括性的总称，小类较大类更为微观，是包含在大类范围内的更为细致的工业类型，截至2018年2月，规范内共有大类45项，小类222项。

应当指出的是，随着时间的推移、技术的进步，工业遗产的定义会逐渐改变，工业遗产行业类型的内涵也会随之改变，因此，《中国工业遗产行业类型及编号规范》应是随着工业遗产定义的发展而不断增删的。

二、信息管理系统标准

城市层级工业遗产信息管理系统的目的是对我国未来的以城市为单位的工业遗产普查成果进行统一的信息化管理，为各级工业遗产保护名录的遴选提供基础数据，为城市中工业遗产保护再利用整体规划提供研究分析指导。

《中国工业遗产普查表》的信息采集内容在储存形式上可以分为工业遗产的空间信息、属性信息和相关文件，具体情况如表2-4所示。空间信息和属性信息都可直接储存在GIS数据库中，而相关文件如普查表扫描文件、照片文件（.jpg）和参考文献文件（.pdf）等，如果直接插入GIS数据库会造成数据库的卡顿，不利于信息管理系统的建构。因此，这类信息应系统地保存在统一的文件数据库中，以链接或列表的形式接入数据库或管理系统，使用者可通过文件夹窗口直接浏览。

城市层级的GIS数据库的框架包括工业遗产厂区要素集、工业遗产单体要素集和城市底图要素集。

以城市为单位的工业遗产普查中，普查表、测绘图、照片，以及录音、视频、相关参考文献等，都需要建立文件数据库来进行储存管理。本文中文件数据库采用Windows10操作系统下的文件夹管理系统来实现。通过多层级的系统的文件夹来实现天津工业遗产普查文件的系统管理，并将文件夹的访问路径链接入信息管理系统。城市层级的文件数据库层级包括："总文件夹"，包括各工业遗产点文件夹；"各遗产点文件夹"，包括"普查表""测绘图""照片""其他文献资料"四个次级文件夹；四个次级文件夹中为所属的文件资料，由三个层级组成。

城市信息管理系统主要基于 GIS 技术建构，主要面向的用户为城市规划的编制者、文化遗产管理者、普查成果评审专家、工业遗产文物保护单位遴选专家等专业人员，因此只建立桌面版客户端，有利于对信息安全的把控。管理系统以 GIS 技术建立的工业遗产普查 GIS 数据库为数据来源的核心，在每次工业遗产普查工作后进行信息录入，完成对数据库内的数据定时更新；基于 C++ 计算机编程语言和 Arcgis Engine 插件开发信息管理系统客户端，调取 GIS 数据库信息和文件信息。

城市信息管理系统基于其用户需求，应实现对工业遗产普查的信息进行浏览、检索、标注及统计分析等功能，并实现辅助普查工作和工业遗产保护名录制定专家的评审工作的功能。因此，普查信息管理系统中，除了公开系统的功能模块以外，还应增加评审功能模块、文件浏览模块等。上述内容将在第五章中结合"天津工业遗产普查信息管理系统"的建构进行详细的论述，笔者所开发的软件已获得国家版权局颁发的软件著作权（图 2-5）。

普查信息采集的储存形式分类　　　　　　　　　　　表 2-4

类型	具体内容
空间信息	GPS 点、污染区域、测绘图（厂区范围、建（构）筑物及遗址）
属性信息	厂区：名称、行业类型、保护等级、是否存在危险、年代、权属人、联系人方式、地址、现状描述、历史沿革、占地面积、调查者等 生产工艺流程：产品、生产工艺及流程介绍 工业建（构）筑物及遗址：名称、位置、年代、功能、结构、面积、层高等 机械设备：编号、名称、位置、年代、功能、制造商、尺寸等
文件数据库	普查表扫描件、照片（jpg）、参考文献（pdf、word）等

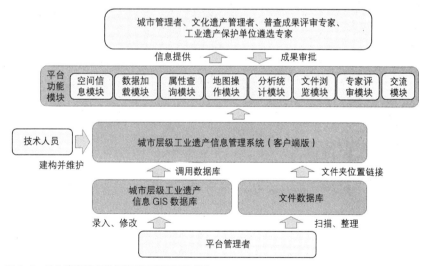

图 2-5　工业遗产普查信息管理系统运行模式图

第四节 遗产本体层级标准研究

一、信息采集标准

遗产本体层级信息采集标准关注的是工业遗产文物保护单位。为了强调工业遗产的科技价值的特殊性，将需要信息采集的依照对象分为四大类：现场采集信息、文献资料信息、相关者访谈信息和生产工艺流程信息。其中，生产工艺流程由于是为了加强对工业遗产科技价值的信息采集力度而单列出来的，因此可能与其他三类在内容上有所交叉，但为了能全面地采集信息，突出工业遗产特殊价值，笔者认为这是可以允许的。

现场采集信息包括：工业遗产本体信息、工业遗产周边环境信息。工业遗产本体信息包括工业建（构）筑物遗产及遗址信息、工业设备及物品遗产信息以及工业遗产历史环境信息，范围与工业遗产保护单位的核心保护区等同。工业遗产周边环境信息的采集范围指的是工业遗产保护单位核心保护区外的周边区域，包括周边的建（构）筑物、绿化、道路、水体等。具体情况如表2-5所示。

文献资料信息包括：法律法规及文书、工业遗产所在地资料、历史沿革资料、历史图纸资料、历史照片影像资料、相关论文图书资料、当地规划设计文本、历次文物保护规划及工程资料、文物使用及管理资料、设备设施资料、周边市政管网资料等。具体情况如表2-6所示。

工业遗产本体层级现场采集信息内容　　　　　表2-5

分类（大）		分类（小）	详细情况
现场采集信息	工业遗产本体信息	工业建（构）筑物及遗址信息	1. 对建筑的形制、材料及做法、室内装饰、有价值的使用功能以及保存状态进行勘察，准确记录勘察所得资料，应特别注意详细地采集各个部位的原始材料、工程做法及细部构造； 2. 对各种损伤、病害、现象进行仔细评估，对重要历史时间及重大自然灾害遗留的痕迹、人类活动造成的破坏痕迹、历史上不当维修所造成的危害等应仔细分类； 3. 完成建筑整体损伤、变形的信息采集； 4. 对建筑局部损伤、变形等情况进行表观判断和仪器检测；准确记录损伤方位，定量记录损伤程度； 5. 拍摄保护工程本体及现场的现状照片，并进行录像；如果需要则进行三维点云采集； 6. 建筑结构损伤、形变、沉降等信息的勘察； 7. 建（构）筑物供水、排水、电力、消防等设施情况的勘察
		工业设备及物品遗产信息	1. 设备的名称、年代、位置、保存状况、类型、制造商、功能、能源等； 2. 设备的保护情况、现状照片、影像资料（宜为操作工程）； 3. 与工业生产、生活、管理等相关的物品； 4. 如果需要，可对设备遗产进行录像或三维点云采集

分类（大）	分类（小）	详细情况
现场采集信息 工业遗产本体信息	工业遗产历史环境信息（厂区）	1. 保护区内的地上、地下遗址等历史环境遗存的分布区域、类型、保存状态进行信息采集； 2. 保护区内的道路、铁路、非文物建（构）筑物、非文物设备、植被、水体的现状情况； 3. 保护区内的污染情况，包括污染物质、污染类型、分布区域、对保护及再利用的评估等； 4. 保护区内的供水、排水、电力等市政管网的分布情况
工业遗产周边环境信息	—	1. 周边用地性质、功能、建筑类型、风貌等情况； 2. 周边水文、植被等环境的分布与类型情况； 3. 周边铁路、道路等交通情况； 4. 周边供水、排水、电力等市政管网的分布情况，以及与保护区内管线的情况； 5. 其他可能影响工业遗产保护的情况

文献资料信息 表2-6

	分类	详细情况
文献资料信息	法律法规及文书	项目立项批文、保护规划、保护工程任务委托书； 各级政府、文物行政管理部门或文物保护管理机构与使用单位、群众性保护组织等签署的责任书、保护合同及其他法律文书
	所在地资料	所在地当前的社会、文化、经济、交通、人口、地理、气候、环境、水文、地质、自然灾害等基础资料
	历史沿革资料	工业遗产的历史沿革，如始建年代、历史名称、历任业主、厂长、管理机构、经营规模等信息； 与工业遗产相关的历史文献，如厂志、县志、市志等； 与工业遗产相关的重要历史事件、重要历史人物等； 工业建（构）筑物遗产的名称、设计师、建造商、结构形式等； 工业设备遗产相关档案； 文化调查记录、考古发掘记录、工作报告； 历史照片、建（构）筑物图纸、画像、影像等资料
	生产工艺沿革资料	各历史时期的产品、产能、生产工艺、生产流程、设备之间联系； 体现在当时的先进性等资料
	考古资料	与工业遗产相关的考古勘察资料
	图纸资料	符合国家勘察、测量规定的规划范围的地形图，如规划使用的地形测绘图、卫星影像图、航空影像图等，并标注说明测绘时间与图纸比例； 与工业遗产相关的测绘图纸等
	相关论文图书资料	与工业遗产相关的正式发表的研究论文、散见于各种出版物的考古发掘报告（简报）、文摘、报道、历史文献等； 与工业遗产相关的各种图书、著作等
文献资料信息	工业遗产保护规划及工程资料	历年的工业遗产保护规划、保护工程、再利用设计等文本资料
	当地规划设计文本	当地城乡建设发展的相关规划文件，如城市总体规划、区块详规、修规以及历史文化名城保护规划等
	文物使用及管理资料	管理机构的人员编制、经费来源、重要的政府管理文件； 服务设施情况、历年游客人数与收费统计等
	周边市政管网资料	周边供水、排水、电力等市政管网的分布情况，以及与保护区内管线的情况
	其他资料	其他与工业遗产相关的文献资料

工业遗产相关者访谈信息包括：与工业遗产利益相关者的采访与会议资料，资料以文本、影像、照片等形式，主要包括工厂法人、领导、员工、家属、周边市民；当地政府部门，如文物局、规划局、旅游局等（表 2-7）。

工业遗产相关者访谈信息　　　　　　　　　表 2-7

名称	详细信息
工业遗产相关者访谈信息	对工业遗产的业主、法人、组织、领导、工人、家属、周边居民等进行访谈，并通过录音、文字、影像等形式进行记录
	对工业遗产当地的文物局、旅游局、规划局等部门管理者进行访谈
	工业遗产相关会议、座谈会等会议的记录

生产工艺流程信息是结合自身实践经验，在遗产本体层级信息采集标准中针对工业遗产科技价值的特殊创造。旨在加强广大文化遗产从业人员在信息采集阶段对工业遗产科技价值的关注。生产工艺流程信息包括：生产工艺名称、行业类型、产品、使用年代、所用动力、是否仍在生产、生产线是否完整、生产工艺流程现状描述、科技价值阐述相关设备、工艺流程简图、相关文献资料等（表 2-8）。

生产工艺流程信息　　　　　　　　　表 2-8

生产工艺流程	基本信息	生产工艺名称、行业类型、产品、使用年代、所用动力、是否仍在生产、生产线是否完整、生产工艺流程现状描述、科技价值阐述等
	设备信息	编号（与设备遗产登记表一致）、名称、功能等
	工艺流程简图	绘制工艺流程简图
	相关文献资料	与现在的工艺流程相关的文献； 与历史上其他时期的工艺流程相关的文献； 其他相关文献

工业遗产本体层级的信息采集过程中需要制定相应的信息采集表，用于现场采集的操作。这些信息采集表包括：《工业遗产历史环境调查表》《工业建（构）筑物残损信息调查表》《工业遗产设备信息调查表》《三维激光扫描站位记录表》以及《工业遗产本体层级文献资料登记表》《生产工艺流程调查表》等。遗产本体层级信息采集表的内容不应该是一成不变的。因工业遗产认知的发展，以及各个工业遗产的不同特性，将促使我们对上述调查表的内容不断更新。

二、信息管理系统标准

遗产本体信息管理系统的主要目的是基于 GIS 技术推动工业遗产文物保护单位的信息化管理发展，基于科学分析指导保护规划的编制工作。

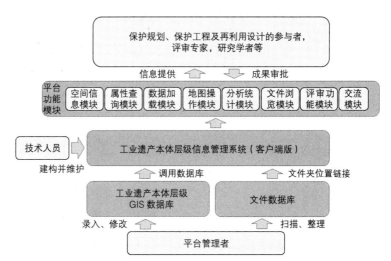

图 2-6　工业遗产专业信息管理系统运行流程

遗产本体信息管理系统基于 GIS 技术。系统在信息录入过程中也存在与普查系统一样的情况，即很多信息是以图片、文本、视频、录音等文件资料的形式存在。这些信息应储存在文件数据库之中，然后利用链接的方式接入信息管理系统。这些问题将在第五章中结合实例论述。

由于遗产本体信息管理系统主要面向的用户为保护规划、保护工程及再利用设计的参与者，评审专家，研究学者等，因此也应在系统的桌面版客户端中开发与其相适应的功能。客户端除了简单的浏览、检索等功能，还应加入信息上传以及保护规划、工程设计和再利用设计的评审功能，方便信息发布和更新（图 2-6）。遗产本体信息管理系统的信息在工业遗产文物保护单位的文物建档、保护规划编制、保护工程和改造设计以及学者研究等领域，都是极其重要的基础数据和前提条件，具有重要意义。

三、信息模型标准

本文中 BIM 信息模型的标准主要从两方面进行研究，一是工业遗产的 BIM 建模的等级标准，二是初步制定我国"工业遗产 BIM 标准构件族库"。

（一）工业遗产 BIM 信息模型等级标准

工业遗产 BIM 建模等级标准的研究结合英国《遗产 BIM：如何建构历史建筑 BIM 信息模型》对 BIM 信息模型细节级别（Level of Details，简称 LOD）的研究，提出工业遗产的 BIM 信息模型标准，该标准包括四个等级，分别为等级 1 概念模型，等级 2 结构模型，等级 3 理想模型，等级 4 全信息模型（图 2-7）。

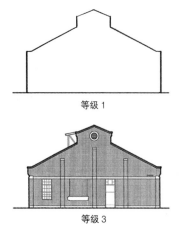

图 2-7　工业遗产 BIM 信息模型等级标准示意图

等级 1　概念模型：建（构）筑物外轮廓的体块模型，大致的尺寸即可，适用于遗产周边环境中的建筑物的建模。

等级 2　结构模型：建（构）筑物的外轮廓以及主要结构、构件的模型，需要精确的测量，适用于遗产中的附属建（构）筑物。

等级 3　理想模型：建（构）筑物的外轮廓以及主要结构、构件的模型以及各构件的材质、细节，需要精确测量，模型反映的是建（构）筑物"完好"的理想状态，适用于遗产本体的模型建构。

等级 4　全信息模型：建（构）筑物的全部信息，包括墙壁、屋顶、柱、梁、门、窗等残损细节信息的管理。适用于遗产本体的模型建构。

需特别指出的是，等级 4 全信息模型，是建（构）筑物遗产 BIM 信息模型建构的最理想的等级。但是在现今阶段的 BIM 软件和计算机硬件的限制之下，实际操作中很难达到等级 4 的效果。因此，对于工业建（构）筑物 BIM 信息模型的建构中，遗产本体的模型达到等级 3 视为合格。

（二）工业遗产 BIM 标准构件族库初探

"工业遗产 BIM 标准构件族库"的研究主要包含两方面，一是构件族的几何形体：综合《建筑设计资料集》《工业建筑设计原理》以及《中国工业建筑遗产调查表记录与索引》（刘伯英，2012 年）中对工业建筑构件的总结。选取了 14 个有代表性的构件进行了标准化建构，并实现了参数化，使其适用于更多的模型之中。二是构件族的属性表内容标准的确定：首先构件族的属性表的标准化制定并不只针对"族库"中的构件，而是对工业遗产 BIM 信息模型中的所有族的属性表内容进行标准化设计；其次，由于设备遗产的信息管理模型是通过自建"机械设备"族实现的，因此设备遗产的属性表的标准化也在考虑范围之内。

1. 构件族几何形体

基于 BIM 软件 Revit2016 中的所有图元都是基于族（Family）实现的。Revit 软件本身内置了墙、柱、梁等构件的基础族，但这些族对于工业遗产信息模型的建构是远远不够的。基于族可以对建（构）筑物构件实现创建和修改，对构件的造型、材质、尺寸进行设计。基于族功能创建符合工业建（构）筑物遗产信息模型的专用族库，是工业遗产 BIM 信息模型标准化的重要一步。笔者对"工业遗产 BIM 标准构件族库"的研究仅是初步的探索，该族库未来的完善将需要全国各地相关学者的大力支持。

Revit 中，构件族的建立最重要的是实现参数化。Revit 族的参数化指的是，可以通过修改参数调整构件几何形体的相应尺寸，从而使该构件族可以使用在更多信息模型的建构中；而未实现参数化的构件族，只能应用在一个特定的模型中，在别的模型中如果相同功能的构件尺寸发生了改变，还需再创新的构件族。应该说，实现了参数化的标准族库才具有了应用的意义，如图 2-8 所示。

工业遗产建（构）筑物中，最具代表性的构件有三种，即结构柱、结构梁和桁架。结构柱主要包括牛腿柱等异形柱，结构梁主要包括工字梁、T 字梁等较有工业特色的形式，上述的柱和梁是本文重点关注的对象。而桁架由于结构形式复杂，各个桁架杆件组合方式各异，很难做到参数化和标准化，并且Revit 自带的桁架建构功能，通过自定义杆件建模的方式完全可以达到建模要求，因此暂不考虑桁架的标准化构件。

2. 构件族属性表

Revit 软件的族自带属性表功能，但该属性表中，自带一些系统字段，如ID、型号、构建类别、材料、制造商等。但这些字段远远不能满足我们对工业遗产建筑物构建族和设备遗产的信息管理的需求，因此，需要对属性表进行自定义。

构件族库属性表的标准化主要包括两方面，首先是建（构）筑物构件的属性表内容，然后是设备遗产的属性表内容。建（构）筑物构件的属性表的内容主要依据《工业建（构）筑物残损信息调查表》中相关的内容进行设定，具体情况如表 2-9 所示；而设备遗产的属性表内容则主要参照《工业遗产设备信息调查表》的相关内容，具体情况如表 2-10 所示。

图 2-8　牛腿柱参数化构件族变化示意图

属性表内容	具体描述	类型	备注
构件 ID	系统自动生成的构件编号	系统字段	唯一性编号
型号	构件的具体名称		
构件类别	构件所属的族类别		
材料	构件的材料		
制造商	生产、建造工程的承包商		
链接	构件的外部链接信息		
长	构件长边尺寸	自定义字段	以 mm 为单位
宽	构件短边尺寸		以 mm 为单位
高	构件高度尺寸		以 mm 为单位
构件风格特征	描述该构件的艺术特点、建筑风格特征等		
构件生产年代	该构件生产、建造工程的年代		
残损情况描述	对构件的残损情况进行描述，包括残损位置、类型、原因等		影响构件的完整性
保存现状评估	对构件的保存现状进行初步评估		分为"好""中""差"三档
修缮、改造情况	构件历史上的修缮和改造情况		影响构件的真实性

设备遗产属性表标准化设计　　　　表 2-10

属性表内容	具体描述	类型	备注
构件 ID	系统自动生成的族编号	系统字段	唯一性编号
型号	设备的具体名称		
构件类别	设备所属的族类别		都是"机械设备"
材料	设备的材料		
制造商	设备的制造商		
链接	设备的外部链接信息		
国家	设备生产的国家	自定义字段	
长	构件长边尺寸		以 mm 为单位
宽	构件短边尺寸		以 mm 为单位
高	构件高度尺寸		以 mm 为单位
所需动力	描述设备生产所需的动力		分为"人工""水力""风力""蒸汽""电力"等
生产年代	设备生产年代		通过设备铭牌采集
生产产品	设备生产的产品种类、名称		
生产流程描述	设备在生产流程中的作用、在所处年代的先进性等		科技价值的评估
设备描述	对设备的历史、现状进行简要描述		
保存现状评估	对设备的保存现状进行初步评估		分为"好"（保存完好且可使用）、"中"（外形完好但不可使用）、"差"（已完全损毁）三档
修理情况	设备历史上的修理情况		影响设备的真实性

第五节　本章小结

（1）基于对国内外遗产领域相关研究的梳理与总结，以国际工业遗产保护协会的《下塔吉尔宪章》《都柏林准则》《台北亚洲工业遗产宣言》为指导纲领，并结合我国城市发展情况、近现代工业发展历程、文化遗产保护管理现状的基本国情。建立了"我国工业遗产信息采集与管理体系"。

（2）结合自身研究成果对我国工业遗产信息采集与管理工作实施进行了一定讨论。笔者对于"全国工业遗产信息采集与管理体系"的研究，承接于导师的国家级重大课题而做，是对我国工业遗产信息采集与管理的前瞻性、探索性的研究。我国工业遗产信息采集与管理工作实施可分为四个阶段：第一阶段，笔者将研究成果上交国家文物局，建议制定拟保护工业遗产名录；第二阶段，我国工业遗产信息采集与管理体系管理机构的建立；第三阶段，实施全国工业遗产的专项普查，并开通公众参与和监督通道；第四阶段，从普查成果中遴选各级工业遗产文物保护单位，进行专业性勘察，妥善保护。

（3）"体系"分为"国家层级""城市层级""遗产本体层级"三个层级。这三个层级分别对应的是我国工业遗产的公众宣传与公众参与、我国国家层面的工业遗产普查以及工业遗产文物保护单位保护与再利用。本章节分别从信息采集标准、信息管理系统标准两个方面对三个层级分别进行了论述。制定了标准化《中国工业遗产普查表》以及一系列工业遗产本体层级的专业性的信息采集表，并对三个层级的管理系统的数据库框架标准、建构方法和运行模式进行研究。对遗产本体层级的工业遗产 BIM 信息管理模型的标准化实施进行了研究。

第一节　全国工业遗产信息采集的实施

一、信息采集标准

"全国工业遗产信息管理系统"的建构目的有三：一是通过研究，统筹当前阶段我国各部门、机构和专家学者在工业遗产领域的研究成果，为我国未来工业遗产普查提供第一手基础资料；二是以全国工业遗产为案例，对我国工业遗产国家层级信息管理系统的数据库框架、桌面版客户端建构、网络地图建构的技术道路进行探索；三是通过全面收集我国目前所有工业遗产的信息，建立"全国工业遗产 GIS 数据库"，并基于 GIS 技术和该数据库对我国所有工业遗产的空间分布、年代分布、行业类型分布、保护及再利用等现状进行全面解读，揭示我国工业遗产研究现状，为未来研究发展提供重要的数据支撑和重要建议。

"全国工业遗产信息管理系统"的信息采集深度应符合本文"国家层级信息采集标准"对信息内容的阐述，应包含工业遗产的基础性信息；并在此基础上，根据实际情况做出调整。本研究的最大难点有二：一是我国并没有进行全国层面的工业遗产专项普查，因此目前全国工业遗产最直接的信息采集来源是进行实地调研；二是由于我国幅员辽阔，受时间、经济等客观条件所限，无法对我国所有地区的工业遗产进行实地调研，全国工业遗产的信息采集需要依靠相关的文献、学术论文、政府名录、文保单位名录等资料进行，这些资料在内容方面差异性很大，因此信息的深度也不宜过大，否则将造成较多缺项。

基于本研究目的，对于全国工业遗产信息采集的内容，确定为：名称、始建年份、始建时期、行业类型（大）、行业类型（小）、经度、纬度、省份（直辖市、自治区、特别行政区）、城市（州）、地址、保护等级、再利用情况、数据来源等 13 项。

二、信息采集的实施及成果

本章节研究的目的在于尽可能全面地描述我国工业遗产全貌，数据来源主要包括以下六个方面：①文物保护名单；②各地工业遗产名录；③各地工业遗产著作；④我国各部门或机构的工业遗产名录；⑤工业遗产相关学术论文；⑥现场调研。

（1）文物保护名单包括：全国重点文物保护单位共七批名单，全国34个省级行政区（省、自治区、直辖市、特别行政区）的省级文物保护单位，13个在我国近现代工业发展过程中重要地级市的市级文物保护单位以及9个重要城市的优秀历史建筑。在文物保护名单中的工业遗产具有一定的保护级别，一般情况下保存状况较好，价值也较高。

（2）各地的工业遗产名录包括：无锡市两批工业遗产保护名录（2008），辽宁省工业遗产名单（2011），杭州市工业遗产保护名录（2012），武汉市工业遗产名录（2013），济南市工业遗产保护名录（2016），南京市工业遗产保护名录（2017），成都市近现代工业遗产名录（2017）等。各地工业遗产名单一般由政府牵头由当地研究机构等进行制定，具有较高的权威性。

（3）各地工业遗产著作包括：2007年第三次文物普查开始后，全国各地陆续出版以工业遗产调查成果为主的著作，这些著作的内容由主要基于全国"三普"中发现的工业遗产，以及各城市工业遗产专项普查中所发现的工业遗产，如上海、天津等。这些著作有：《兰州工业遗产图录》（2008年）[58]，《锈迹：寻访中国工业遗产》（2008年）[59]，《山东坊子近代建筑与工业遗产》（2008年）[60]，《上海工业遗产实录》（2009年）[61]，《西安工业建筑遗产保护与再利用研究》（2011年）[62]，《东北地区工业遗产保护与旅游利用研究》（2012年）[63]，《南京工业遗产》（2012年）[64]，《湖南交通文化遗产》（2012年）[65]，《品读武汉工业遗产》（2013年）[66]，《寻访我国"国保"级工业文化遗产》（2013年）[67]，《重庆工业遗产保护利用与城市振兴》（2014年）[68]，《天津河西老工厂——天津河西工业遗产》（2014年）[69]，《中原工业文明遗产研究》（2016年）[70]等19本著作对各地工业遗产进行了详细记述，为我国工业遗产现状的研究提供了丰富的基础资料。

（4）我国各部门或机构的工业遗产名录包括：2005年开始，国土资源部共公布两批国家级矿山公园，合计72处；工业和信息化部在2017年12月公布了《第一批国家工业遗产拟认定名单及项目概况》，并进行了公示，这批名单包括：鞍山钢铁厂、旅顺船坞、景德镇国营宇宙瓷厂、本溪湖煤铁厂、重钢型钢厂、汉冶萍公司等11处。2017年11月，国家旅游局推出我国首批国家工业遗产旅游基地，共有10处工业遗产入选。中国科协2018年1月发布了第一批《中国工业遗产保护名录》。

（5）工业遗产相关学术论文包括：期刊论文、硕博学位论文以及"中国工业遗产学术研讨会"正式出版论文集内的论文。期刊论文及学位论文的采集途径基于 CNKI 数据库，利用工业遗产、工业遗产景观、后工业景观、工业遗产旅游、旧工业建筑、工业遗址、工业遗迹、工业遗存、工业建筑遗产、旧工业区、工业废弃地、工业文化遗产、产业遗产等 13 个关键字进行检索并对内容筛选整合，截至 2017 年 4 月 1 日，获得 2902 篇学术期刊论文，硕士及博士学位论文771 篇。"中国工业遗产学术研讨会"从 2008 年开始举办，是我国工业遗产研究界最为著名的学术会议，2008—2015 年共正式出版论文集 7 本，收录高水平会议论文 366 篇[71]-[77]。学术论文具有信息量大、时效性强的特点，是对工业遗产数据的重要补充。例如，刘伯英（2008 年）对北京工业遗产的研究[78]，钱毅（2014 年）对青岛工业遗产的梳理[79]，罗菁（2012 年）对云南滇越铁路廊道工业遗产的梳理[80]，黄晋太、杨栗（2013 年）对太原市工业遗产的研究[81]，顾蓓蓓、李巍翰（2014 年）对西南地区"三线"工业遗产的梳理[82]，张立娟[83]（2016 年）对哈尔滨香坊区工业建筑遗产的研究，贾超（2017 年）对广州工业遗产的整理[84]等，均是对我国工业遗产全貌研究的重要补充。

（6）课题组现场调研：2010—2012 年，在天津市规划局支持下，对天津市市域范围内的工业遗产进行了调研；2014 年 7 月，课题组成员刘静、张家浩实地考察福州、泉州、厦门工业遗产案例；2015 年，课题组成员仲丹丹、张雨奇等实地考察北京、天津、青岛、重庆、广州、西安、福州等 7 城市的工业遗产改造项目，采访相关运营、设计人员；2016 年 6 月，课题组成员李松松、李欣、冯玉婵调研上海、南京、重庆、武汉等城市的工业遗产文物保护单位保护项目，并采访各地专家；2017 年，课题组成员王雨萌调研河北省石家庄、唐山、秦皇岛等地工业遗产类型的文保单位。

根据本文工业遗产的定义，对上述 6 种数据来源中符合条件的工业遗产进行筛选和整合，并结合各地实地调研，排除 28 项已灭失工业遗产，最终编制了《中国工业遗产名录》，其中共包含我国工业遗产 1537 项，《中国工业遗产名录》是建立"全国工业遗产 GIS 数据库"的核心数据。

第二节 "全国工业遗产信息管理系统"建构研究

"全国工业遗产信息管理系统"（简称"全国管理系统"）的建构是为了探索"国家层级信息管理系统"的技术路线。国家层级信息管理系统包括桌面客户端版和网络地图。客户端方便用户的下载、拷贝以及在无网络的情况下使用；网页版系统的内容与桌面版相同，可通过电脑、手机等个人电子设备链接网络即可轻松访问。客户端版和网络地图对工业遗产信息的展示、查询等功能，都是通过调取 GIS 数据库中的数据实现的。因此，系统是外皮，GIS 数据库是内核。

全国管理系统的建构中，首先基于 ArcGIS 系列软件中的 ArcMap 构建了"全国工业遗产 GIS 数据库"，然后基于 ArcGIS Engine 二次开发组件、C++ 计算机语言，开发了客户端版系统软件"全国工业遗产信息管理系统"，本软件具备工业遗产信息浏览、检索、统计等一系列功能。对于网络地图的建构，其所基于的技术核心为 webGIS 技术。webGIS 可以简单理解为 GIS 技术的网络版，通过这项技术，可实现在 Internet 网络上对 GIS 地理信息数据库的发布、浏览、展示、管理等功能。完整的做法是租赁网站域名、服务器自行搭建网络地图，但由于资金成本、时间成本等客观原因，本研究中只能退而求其次，基于网络现有的大数据平台"极海"来完成"全国工业遗产网络地图"的建设，初步实现了对全国工业遗产空间信息、属性信息在网络电子地图上的展示、浏览等信息公开服务功能（图3-1）。

2018 年 10 月 20 日，全国第九届"工业遗产学术研讨会"在鞍山举行，笔者在大会发表主题演讲，并推出了"全国工业遗产网络地图"，受到与会代表的广泛关注，截至 2018 年 11 月 9 日，地图访问量已超过 6000 人次。

一、全国工业遗产 GIS 数据库建构

全国工业遗产 GIS 数据库是基于"国家层级"数据库框架标准建立的，并在此基础上，依据研究需要，对要素类别和属性表进行了调整。GIS 数据库框

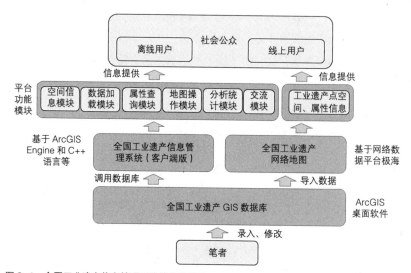

图 3-1　全国工业遗产信息管理系统技术路线图

架包括空间要素及与各空间要素相对应的属性表。空间要素可分为工业遗产点要素和底图要素。工业遗产点要素是将《中国工业遗产名录》中各个案例抽象为具有精确经纬度坐标的"工业遗产点",从而在 ArcGIS10.2 软件中进行表达与分析。底图要素是用于配合表达与分析的空间要素,包括全国底图和重点城市底图两部分,全国底图包括国家及省级行政区范围、全国主要河流、1978年之前建成铁路干线等;全国底图的数据来源为国家基础地理信息系统,1978年之前建成铁路干线要素为笔者根据我国铁路发展史对基础地理信息系统中铁路要素进行筛选后获得的。重点城市底图包括区县行政区范围、国道、高速公路、城市主要道路、河流等,城市底图来源为 OpenStreetMap 网络开放地图。工业遗产点要素的属性表主要信息包括:名称、始建年份、始建时期、行业类型(大)、行业类型(小)、经度、纬度、省份(直辖市、自治区、特别行政区)、城市(州)、地址、保护等级、数据来源等,如表 3-1 所示。最终,基于 ArcMap 软件技术建立数据库。

全国工业遗产 GIS 数据库框架　　　　　　　　　　　表 3-1

要素集名称	要素名称	要素类型	属性表
	工业遗产	点	名称、始建年份、始建时期、行业类型(大)、行业类型(小)、经度、纬度、省份(直辖市、自治区、特别行政区)、城市(州)、地址、保护等级、再利用情况、数据来源等
全国底图要素	世界国家	面	名称、面积等
	中国国家	面	名称、面积等
	省(自治区、直辖市、特别行政区)	面	名称、面积、工业遗产数量等
	城市(自治州)	面	名称、面积、工业遗产数量等
	全国水系干流及一级支流	线	名称、长度等
	1978 年之前建成铁路干线	线	名称、长度、始建年代等
重点城市底图要素(包括上海、广州、天津、杭州、济南、南京、柳州、北京、武汉、哈尔滨 10 个城市)	区县行政区面要素	面	名称、面积、工业遗产数量等
	国道线要素	线	名称、长度等
	高速公路线要素	线	名称、长度等
	城市主要道路线要素	线	名称、长度等
	河流面要素	面	名称、面积等

二、全国工业遗产信息管理系统建构研究

(一)桌面客户端

全国管理系统桌面客户端是基于 ArcGIS Engine 二次开发组件、C++ 计

算机语言开发的。基于 ArcGIS Engine 和 C++ 语言可以开发出 GIS 信息管理软件，可使 GIS 数据库脱离 ArcGIS 软件本身进行调取和运行。本研究中，首先开发了客户端版软件"全国工业遗产信息管理系统"，然后利用本软件调取"全国工业遗产 GIS 数据库"中的数据，并实现了我国工业遗产信息浏览、检索、统计等一系列功能。其功能模块包括：空间信息模块（地图视图、布局试图），数据加载模块（全国工业遗产及相关 GIS 数据加载），属性查询模块（工业遗产属性查询），地图操作模块（放大、缩小、漫游、视图切换等），工业遗产统计模块（省份、年代、行业、保护、再利用的统计分析），交流模块（笔者联系方式及自述文件）具体如图 3-2~ 图 3-4 所示。笔者所开发的软件已获得国家版权局颁发的软件著作权。

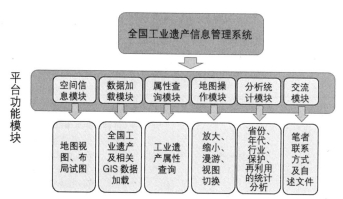

图 3-2　全国工业遗产信息管理系统软件的功能模块图

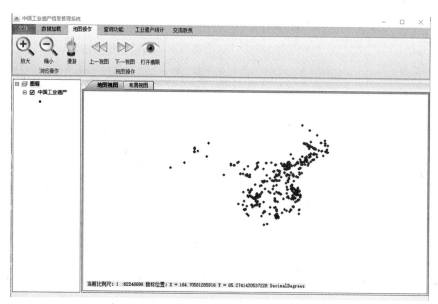

图 3-3　"全国工业遗产信息管理系统"软件界面

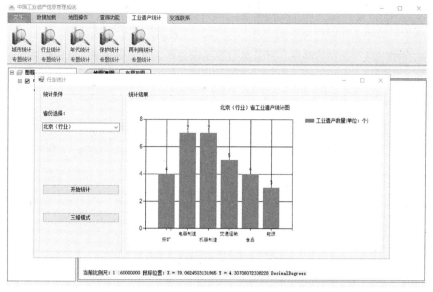

图 3-4 "全国工业遗产信息管理系统"统计界面

　　"全国工业遗产信息管理系统"中对我国各省份内工业遗产的城市、行业、年代、保护与再利用情况进行了统计和可视化表达。

（二）网络地图

　　目前,基于极海网络平台的"全国工业遗产网络地图"测试版已经建设完成,网站对 Internet 网络用户完全公开,社会大众可通过电脑和智能手机进行浏览。测试版提供所有 1537 个遗产点年代、名称、空间位置等信息的展示。随着研究的推进,将在今后的研究中,不断丰富网络版数据库的信息量,并开放搜索、信息上传等功能,打造我国工业遗产信息共享服务系统。此项研究,对我国工业遗产的信息公开、宣传具有重要意义,对工业遗产乃至文化遗产的信息公开网络地图的建构具有重要的探索意义。

第三节　基于 GIS 的我国工业遗产现状分析研究

　　自 2006 年 5 月国家文物局发布《关于加强工业遗产保护的通知》之后,我国社会各界对工业遗产关注程度不断增加,工业遗产的研究正处于蓬勃发展时期。但目前全国到底有多少工业遗产,其数量、分布、保护、再利用等情况仍然是一个未解之谜。全国工业遗产成果缺乏统筹的管理和解读。本文统筹了我国现阶段各部门、机构、学者的成果，自主建立的包含有 1537 个工业遗产点的"全国工业遗产 GIS 数据库"，对我国工业遗产在行政区层面、时空、分布范围演化、保护再利用、行业类型等情况进行了可视化分析，从多个层面对我国工业遗产的空间格局进行了解读，对我国工业遗产未来的研究方向、研究重点区域的发现具有重要意义。

工业遗产与各个工业时期的发展历程和空间格局有着直接联系，因此，本文首先从空间分布格局的角度，对我国近现代工业发展的历程进行了简单梳理，以此为背景，进行后续研究。

一、全国工业遗产总体情况分析研究

（一）全国总体分布情况研究

本文将利用 GIS 的核密度分析工具和几何中心计算工具，对全国工业遗产各时代的空间分布形态及变化情况进行分析与对比研究。主要从总体分布情况、近代工业遗产（1840—1949 年）和现代工业遗产（1949—1978 年）的对比研究、我国各工业发展时期的对比研究这三个方面进行。

核密度分析是利用核函数将研究范围内每个已知点关联起来进行估计的方法。核函数表示为一个双变量概率密度函数，在空间上其数值以一个已知点为中心，在规定的带宽范围内逐渐减小到 0。通常采用的是 Rosenblatt-Parzen 核密度估计公式：

$$R(x) = \frac{1}{nh} \sum_{i=1}^{n} k\left(\frac{x-x_i}{h}\right)$$

公式中，$R(x)$ 为 R 要素在 x 处的概率值，本研究中 R 为工业遗产点。

$k\left(\frac{x-x_i}{h}\right)$ 为核函数，其中（$x-x_i$）为估计值点 x 到工业遗产点 x_i 的距离；h 为带宽，且大于 0。研究表明核函数对结果影响极小，h 影响较大，且目前确定 h 值并无权威公式。笔者根据多次实验确定 h 值为 1.5km。

在我国工业遗产的时空分布研究中，是基于 Arcgis10.2 的核密度分析功能。基于此功能，对全国范围内工业遗产点的空间分布和聚集特征进行分析，确定我国工业遗产热点地区。

根据 Arcgis 分析结果，分析结果的数值代表在每平方千米的单元面积中工业遗产的数量。核密度分析图可以较直观地显示出全国总体情况。工业遗产空间分布的核心区域分为三个层级：一是京津冀地区、长三角地区以及珠三角地区的工业遗产分布最为集中，其核心城市天津、上海及广州的工业遗产密度达到 44.62~67.32 个 /km²，周边位置的工业遗产密度也有 28.78~44.62 个 /km²。

二是济南、柳州、沈阳、武汉及周边地区，其核心城市的工业遗产密度在44.62~16.10 个 /km²。三是哈尔滨、太原、西安、重庆、兰州、青岛及福州等城市及周边地区，其核心城市工业遗产密度为 7.39~16.10 个 /km²。

总体而言，我国工业遗产分布状态呈东多西少的趋势，并且主要集中在我国少数几个重点地区和城市之中；重点地区包括京津冀地区、长三角地区和珠三角地区；这三个地区自近代到当代都是我国经济最发达的。重点城市包括柳州、武汉、沈阳、太原、哈尔滨、西安、重庆、兰州等城市，都是所在省份属于工业化开展最早、政治经济地位最为重要的城市。

（二）全国工业遗产年代分布情况研究

1840 年，第一次鸦片战争爆发，清政府签订了我国历史上第一个不平等条约《南京条约》。自此以后，清政府统治下的中国逐渐由闭关锁国的封建社会转变为半殖民地半封建社会。客观上，1840 年之后，我国开始了近代化的进程。认定我国工业遗产的时间限定为 1840—1978 年的与工业相关的历史遗存，大致而言，根据中华人民共和国成立可以分为近代工业发展时期（1840—1949 年）和现代工业发展时期（1949—1978 年）。

根据《中国近代工业史》（汪敬虞等）、《中国现代工业史》（祝慈寿）等前人研究，我国近现代工业发展历史可分为：①近代工业萌芽期（1840—1895 年）；②近代工业的发展期（1895—1913 年）；③近代工业的繁荣期（1913—1936 年）；④近代工业的衰落期（1936—1949 年）。现代工业发展时期可分为：①国民经济恢复期（1949—1952 年）；②"一五"工业建设时期（1953—1957 年）；③"二五"工业建设及"大跃进"时期（1958—1963 年）；④"三线建设"时期（1964—1978 年）。基于我国近现代工业发展特点，大致可分为 8 个历史时期，由于其中第 5 个时期"国民经济恢复期"时间比较短，因此将其与第 6 个阶段合并，由此有 7 个阶段：①近代工业萌芽期（1840—1894 年）；②近代工业的发展期（1895—1913 年）；③近代工业的繁荣期（1914—1936 年）；④近代工业的衰落期（1937—1948 年）；⑤社会主义工业初建期（1949—1957 年）；即"一五"时期；⑥"二五"时期（1958—1963 年）；⑦"三线建设"时期（1964—1978 年）。数据库的 1537 项案例中，35 项矿山公园开采始于古代，并一直延续到近现代，由于其延续性，融合了古代工业遗产和近现代工业遗产两方面，故本研究中先不予考虑，另有 58 项始建时间不详，在数据完善前也不予考虑，二者共计 93 项不参与本次分析。

结合我国工业发展史，对上述 7 个历史时期的现存工业遗产的时间分布情

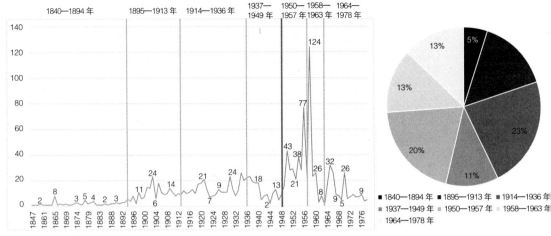

图3-5　全国已知的工业遗产年代分布图

况进行分析，结果如图3-5所示。我国近现代工业发展史大致可以分为7个时期，中华人民共和国成立前的工业遗产约占总数的54%，成立后的占46%；分布较为平均。从历史时期来看，抗日战争之前的民国时期（1914—1936年）数量最多；其次为社会主义工业初建期（1950—1957年），这一时期我国得到苏联援建156个工业项目，而1894年之前的工业遗产比重最少。

对各年份工业遗产数量进行分析，最多的年份为1958年，有124项，该年属我国"大跃进"时期开始的一年，由于"左"的思想导致我国工业发展过于冒进，但在客观上也促进了工厂建设，进而导致该年工业遗产数量激增。其次为1956年，有74项，该年属苏联援建"156项目"时期（1953—1957年），因此有较多的工业遗产。总而言之，中华人民共和国成立前年均工业遗产数约为7.1项，成立后年均工业遗产数约为22.1项，可知我国工业发展有着巨大的飞跃。

（三）全国工业遗产保护与再利用情况研究

对数据库中样本的保护及再利用现状进行统计分析，可分为保护并再利用、仅保护、仅再利用以及未保护及再利用。由图3-6可知，未得到保护及再利用的工业遗产约59%，所占比重较大。保护统计对象包括我国市级以上文物保护单位和各市历史建筑，共计414项；再利用统计对象包括对我国各类型工业遗产改造再利用项目的统计，再利用类型主要包括文化创意园、博物馆、城市景观、矿山公园、居住区、商场、办公楼等，共计265项；文创园是我国工业遗产再利用的主要模式，矿山公园和博物馆也是矿场遗址、工业建筑遗产改造再利用的热点方向。

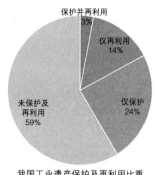
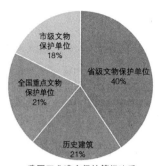
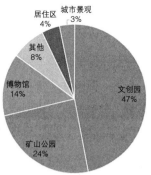

我国工业遗产保护及再利用比重 我国工业遗产保护等级比重 我国工业遗产再利用模式比重

图3-6　我国工业遗产保护及再利用统计

利用GIS核密度分析，对我国工业遗产保护及再利用情况的空间分布进行研究。整体而言，保护及再利用的空间分布情况与已知工业遗产相似，但东部较西部的优势变得更为明显。

我国工业遗产的保护起步较晚，在2007年全国第三次文物普查之后，对其重视程度逐渐增加。分析结果如图3-6所示，我国受保护的工业遗产主要集中在东部地区，西北、西南地区受到保护的工业遗产较少。其中，保护情况最好的区域为广州和上海，广州市共有工业遗产115项，国家级文保单位0项，省级1项，市级24项，历史建筑26项，合计51项；上海市有工业遗产127项，国家级3项，省（直辖市）级6项，历史建筑37项，合计46项。其次，保护较好的区域还有天津、武汉、哈尔滨、沈阳、济南和青岛等城市。

我国工业遗产再利用项目最早起步于20世纪末的北京、上海等经济发达的一线城市，如北京798艺术区、上海登琨艳工作室等，艺术家和设计师自发的推动力较大。分析结果如图3-6所示，目前我国再利用项目主要集中在华北、华东和华南地区的直辖市或省会等重要城市，其他地区工业遗产再利用项目较少。其中，项目最多的城市为上海和北京，上海的文创园有21项，博物馆7项，居住区2项，其他类型项目4项，合计34项；北京文创园有12项，矿山公园有4项，博物馆2项，居住区2项，其他类型6项，合计26项。其次，项目较多的还有天津、广州、青岛、武汉、南京、杭州和济南等城市。

二、我国行政区层面的工业遗产分布研究

本章节研究所采用的分析方法是GIS软件中各属性要素的"符号系统"的可视化统计功能。通过对各要素属性表内的属性进行有规律的组织，并在GIS

视图中进行可视化表达，这种表达可以是不同色彩的填充或不同符号的设定。该功能可通过 ArcGIS 软件的图层→属性→符号系统进行该应用的设定。

（一）地区层面

近代以来，我国的工业和经济存在着东西部发展不平衡的情况。我国西部包括四川、云南、贵州、西藏、重庆、陕西、甘肃、青海、新疆、宁夏、内蒙古和广西 12 个省级行政区，面积约占全国的 70%。根据数据库统计，我国东部地区共有工业遗产 1247 项，占总数的 81.2%，西部地区共有工业遗产 290 项，占总数的 19.8%。可以看出，我国工业遗产绝大部分分布在东部地区，这种地域的不平衡性与我国工业发展的格局存在着联系。

（二）省份层面

通过省级行政区层面对我国工业遗产的空间分布进行总体的研究。

我国的省级行政区有 23 个省、4 个直辖市、5 个自治区和 2 个特别行政区，共计 34 个。将全国工业遗产按照我国省级行政区进行统计，工业遗产数量超过 100 个的省份或直辖市有辽宁省、江苏省、上海市、广东省、山东省和天津市。均位于我国沿海地区，这一地区是我国近代化较早、经济较为发达的地区。

可以得出清晰的结论，在省级行政区层面，我国工业遗产的空间分布存在着极为明显的三类分布区：

（1）I 类分布区，在我国大陆东北及东部、南部沿海一线地区，共有 13 个省市，工业遗产数量超过 50 项的 10 个省市均集中于此区域，吉林、河北及福建三省工业遗产数量也均在 20 项以上，上述地区的工业遗产总数为 1168 项，占全国总数的 75.99%。可以说，我国大陆最东侧沿线的这 13 个省市是我国最为集中也为重要的"中国工业遗产聚集带"。"中国工业遗产聚集带"中，存在三处重点聚集区，一是以天津、北京为中心的，包括河北、山东、辽宁在内的"环渤海地区"，共有工业遗产 462 项；二是以上海为中心的，包括江苏、浙江在内的"长三角地区"，共有工业遗产 356 项；三是包括广东与广西的"两广地区"，共有工业遗产 195 项。

（2）II 类分布区，基本为我国"三线建设"地区，工业遗产数量在 20 项以上的省份有湖北、四川、甘肃、陕西、山西、重庆、贵州和河南 8 省市。这 8 个省市均位于我国内陆地区，且均为我国"三线建设"时期的重点地区。湖北的武汉、黄石等地清末已经开始工业建设，工业化水平较高；四川、重庆两地在抗日战争时期接受大量东部企业内迁，促进了当地工业发展。

（3）Ⅲ类地区，包括工业遗产数量在0~19项的省份或地区。包括内蒙古、云南、新疆、西藏、安徽、江西、青海、宁夏、海南、香港、澳门、台湾。其中香港和澳门虽行政级别高但面积极小，台湾存在信息收集不全面的情况，暂归Ⅲ类地区。

整体而言，我国各省级行政区工业遗产的数量呈现由东向西逐步减少的格局。

（三）城市层面

1. 全国总体研究

在城市层面中，结合GIS技术对我国全部城市的工业遗产数量进行统计分析。整体而言，全国工业遗产目前分布在185个城市，占我国城市总数的54.73%。工业遗产数量超过10项的城市共有35个，其中有26个位于Ⅰ类分布区；其他位于内陆的9个城市为武汉、重庆、兰州、西安、太原、长沙、成都、洛阳和昆明。在这9个城市之中，7个为省会城市，1个为直辖市，仅洛阳市为地级市，但其也是中华人民共和国成立后苏联援建时期"156项目"的建设中心之一，见表3-2。

拥有10项及以上工业遗产的城市名单　　　　　　　　表3-2

编号	城市名称	工业遗产数量	城市级别	所属省份	编号	城市名称	工业遗产数量	城市级别	所属省份
1	上海市	127	直辖市	上海	19	大连市	19	地级市	辽宁
2	广州市	115	省会城市	广东	20	沈阳市	18	省会城市	辽宁
3	天津市	108	直辖市	天津	21	石家庄市	18	省会城市	河北
4	杭州市	70	省会城市	浙江	22	鞍山市	16	地级市	辽宁
5	济南市	69	省会城市	山东	23	长沙市	15	省会城市	湖南
6	柳州市	66	地级市	广西	24	福州市	15	省会城市	福建
7	南京市	58	省会城市	江苏	25	齐齐哈尔市	14	地级市	黑龙江
8	北京市	57	直辖市	北京	26	成都市	13	省会城市	四川
9	武汉市	38	省会城市	湖北	27	抚顺市	13	地级市	辽宁
10	哈尔滨市	37	省会城市	黑龙江	28	葫芦岛市	13	地级市	辽宁
11	无锡市	31	地级市	江苏	29	吉林市	13	地级市	吉林
12	重庆市	30	直辖市	重庆	30	洛阳市	12	地级市	河南
13	青岛市	29	地级市	山东	31	昆明市	11	省会城市	云南
14	兰州市	28	省会城市	甘肃	32	牡丹江市	11	地级市	黑龙江
15	西安市	27	省会城市	陕西	33	唐山市	11	地级市	河北
16	泉州市	25	地级市	福建	34	盘锦市	10	地级市	辽宁
17	苏州市	24	地级市	江苏	35	营口市	10	地级市	辽宁
18	太原市	24	省会城市	山西					

2.各地区及省份研究

本研究共分为两部分：一是对我国工业遗产数量最多的"环渤海""长三角"及"两广"三大地区进行研究；二是对其他省级行政区进行研究。

（1）工业遗产分布三大地区研究

"环渤海""长三角"和"两广"三个地区，在城市层面，工业遗产的分布形态上存在着明显的差异（表3-3）。环渤海地区由京津冀地区、辽宁省和山东省组成。由于近现代以来工业发展历史迥异，导致了这三个地区各个城市工业遗产的分布结构存在着明显不同；长三角地区中，由于自近代以来，上海在我国经济、工业领域始终处于重要的领导地位，其内部的工业遗产存在着明显的以上海为主要核心进行分布的空间结构；"两广"地区的工业遗产则主要集中于广州、柳州两大城市之中。

环渤海地区各城市工业遗产数量   表3-3

京津冀地区			山东省			辽宁省		
省份	城市	数量	省份	城市	数量	省份	城市	数量
天津	天津	108		济南	69		大连	19
北京	北京	57		青岛	29		沈阳	18
河北	石家庄	18	山东	潍坊	7	辽宁	鞍山	16
	唐山	11		德州	4		抚顺	13
	承德	6		淄博	3		葫芦岛	13
	秦皇岛	5		临沂	2		盘锦	10
	邯郸	3		威海	2		营口	10
	沧州	2		东营	1		本溪	8
	邢台	1		烟台	1		丹东	8
	张家口	1		枣庄	1		辽阳	8
							铁岭	6
注：表中未出现城市目前无已知的工业遗产							阜新	2

1）环渤海地区

①京津冀地区的三级核心式分布

京津冀地区包括北京、天津和河北，工业遗产总数为212项，其中天津有108项，具有绝对额的优势，是该地区的一级核心，北京有57项，为二级核心，相比之下，河北省各城市中，石家庄有18项，唐山有11项，也占了全省的多数，为三级核心，其余的城市数量较少，属于围绕三级核心的外围地区。京津冀地区自古以来就联系紧密，明清时期同属于直隶省。1860年第二次鸦片战争后，天津开埠，逐渐沦为"九国租界"。1866年"洋务派"在天津兴建天津机器局，是天津工业的开端。随后，洋务大臣李鸿章接任直隶总督在天津苦心经营，发展近代工业，相继建立天津招商局、天津电报总局、大清邮局、北洋水师大沽船坞等官办或官督商办企业。1902年，清政府推行"新政"，一定程度上促进了近代工业发展，天津也逐渐成为我国华北地区的工业中心。北京在中华人民共和国成立之前工业发展较为薄弱，在成立之后，在"将消费型城市转变为生产型城市"的方针指引下，相继建立718联合厂、北京焦化厂、首都钢铁厂等重要企业，北京的工业得以迅速发展。唐山工业发展始于李鸿章创办的开滦矿务局，后逐步发展为我国北方重要的重工业及能源城市，石家庄的建立则始于1896年"正太铁路"的修建，发展成为我国北方重要的铁路枢纽城市和工业城市。

②山东省的两极式分布

山东省工业遗产总数为119项，其中胶济铁路的端点济南和青岛是两个核心，济南有69项工业遗产，青岛由于近年城市发展迅速，较多工业遗产灭失（王润生，2013年），目前有29项，其余城市工业遗产数量较少。1875年，丁宝桢在济南创办山东机器局，1897年，德国侵占青岛，1899年开始修建连接青岛和济南的胶济铁路，极大地带动了沿线各城市的近代化发展，其中济南和青岛是重点建设的。随后由于民族工业的兴起，济南和青岛逐渐发展成为我国重要的工业城市。

③辽宁省的均匀式分布

辽宁省工业遗产总数为131项，其中大连数量最多为19项，沈阳为18项，但与其他城市并没有拉开明显的差距，见表3-4。整体而言，分布较为平均。辽宁省境内铁矿石、煤矿等矿产丰富，近代时期，相继被沙俄、日本霸占，侵略者为了对辽宁进行掠夺式的开发，相继建立了南满铁路、鞍山制铁所、沈阳铁西工业区等一系列企业和工业区。中华人民共和国成立后，辽宁省的工业发展加速，苏联援建的156个项目中有24项落户于辽宁。

长三角地区各城市工业遗产数量统计表　　　　表3-4

省份	城市	数量	省份	城市	数量
上海	上海	127	浙江	金华	3
浙江	杭州	70		温州	3
江苏	南京	58	江苏	南通	2
	无锡	31	浙江	湖州	2
	苏州	24		衢州	2
浙江	嘉兴	8		绍兴	2
	宁波	6		台州	2
江苏	镇江	5	江苏	连云港	1
	常州	4		徐州	1
	淮安	4	浙江	丽水	1

2）长三角地区的三级核心式分布

长三角聚集区包括上海、江苏和浙江。上海的工业遗产有127项，为一级核心；杭州有70项，南京有58项，二者为二级核心；无锡有31项，苏州有24项，二者为三级核心。上海1843年开埠后，发展成为我国最为重要的经济与工业中心。因此，它在我国工业遗产分布中所占的比重是绝对的核心城市。二级核心中，南京自清朝就是江苏的省会城市，并曾短暂作为中华民国首都，杭州是浙江的省会城市，二者均为该地区的中心城市。在空间布局中，上海、南京及杭州三座城市构成了三足鼎立的形势，以这三个城市为端点形成的三角形区域中，包含了无锡、苏州、镇江、常州、嘉兴和湖州6座城市，无锡、苏州为三级核心，镇江、常州和嘉兴工业遗产数量也较多，该区域为长三角地区工业遗产分布的核心三角区。

3）两广地区的孤岛式分布

孤岛式分布指的是某一城市的工业遗产数量占到本省数的90%及以上，本省其余城市几乎不存在工业遗产。该类型包含的省份有广东省、广西壮族自治区等。广东省总数为125项，其中省会城市广州有115项，占到总数的92%，其余10项分散东莞、佛山等地。广西总数为70项，柳州市有66项，占到总数的94.29%，广西其他城市几乎没有工业遗产（表3-5）。

两广地区各城市工业遗产数量 表3-5

省份	城市	数量	省份	城市	数量	省份	城市	数量
广东	广州	115		东莞	1		桂林	1
广西	柳州	66		梅州	1		来宾	1
广东	韶关	3	广东	深圳	1	广西	南宁	1
	佛山	2		中山	1		梧州	1
	珠海	1						

（2）其余各省研究

对我国其他省份内部各城市工业遗产数量的空间结构进行解读，发现各省级行政区工业遗产的空间结构类型主要有以下两种：①单核心式分布；②廊道式分布。

1）单核心分布

单核心分布指的是某一城市的工业遗产数量占到本省总数的40%~89%，本省其余城市工业遗产数量较少且较均匀，大多数核心城市为该省省会城市。该类型在全国最为普遍，主要包括省份有湖北省、甘肃省、陕西省、山西省、湖南省、吉林省、河南省等。如陕西省的核心城市西安，占到全省总数的

77.1%；湖北省的核心城市武汉，占到全省的 80.9%。兰州、太原、长春、长沙等省会城市也是本省工业遗产数量最多的城市，反映出近现代省会城市在本省工业遗产分布中占有的优势，这也说明省会城市在我国近现代工业化发展中占有重要的主导地位。

2）廊道式分布

廊道式分布指的是一个省份中存在一个或多个主要的交通或自然地理廊道，该省份 80% 以上的工业遗产分布在廊道沿线各城市。属于该类型的省份有黑龙江省和四川省。黑龙江省共有工业遗产 89 项，中东铁路为该省主要工业遗产廊道。中东铁路由沙俄始建于 1898 年，以哈尔滨为中心主要包括西至满洲里的滨洲线，东到牡丹江绥芬河的滨绥线和南至大连旅顺的哈大线。在黑龙江省中东铁路沿线城市中，哈尔滨有 37 项、齐齐哈尔有 14 项、牡丹江有 11 项、大庆市有 9 项、绥化市有 5 项，共计 76 项，占到总数的 85.39%。

四川省内的工业遗产廊道有以成都为中心的成昆线、宝成线与成渝线。四川省共有工业遗产 44 项，分布在成都、绵阳、自贡、广安、攀枝花等 14 个城市，其中除自贡与广安之外，其余 12 个城市都位于以成都为中心的工业遗产廊道之上，工业遗产总数为 38 个，占全省总数的 86.36%。成渝线始建于 1936 年，后因抗日战争中断修建，1950 年重新开启修建，于 1952 年完成；宝成线始建于 1952 年，于 1958 年通车；成昆线始建于 1952 年，中央政府建设西南铁路网的战略决定，并于 1958 年开始从成都向南建设，但中途修建中段，1964 年国家进入"三线建设"时期，此时华中、西南、西北等"三线"地区成为我国工业建设重点，成昆线也恢复建设，最终于 1970 年通车。

通过省级行政区层面的分析，确定我国工业遗产分布的三类区域。通过城市层面的分析，揭示出"环渤海""长三角"和"两广"三大聚集区内工业遗产空间分布结构的异同，并确定其他省份工业遗产的空间结构主要为"单核心"和"廊道式"两类。这种空间结构的形成，首先与我国近代以来东部与西部工业、经济发展的不平衡密切相关，同时反映出我国各地区和省份的工业化历程和历史上的工业布局结构，除河南洛阳以及广西柳州外，绝大多数省份的省会都处在本省的核心地位，而直辖市则在更大的区域扮演着更为重要的角色。

因此，对工业遗产空间分布的研究不仅对工业遗产研究的现状总结和未来指导具有重要意义，对近现代我国的城市发展史、工业发展史的研究提供了重要的物证，对解读目前我国各地区之间以及地区内部的经济、工业结构差异性的研究具有重要意义。

三、基于我国工业发展史的时空分布研究

基于上述对我国工业发展历史的研究，我国近现代工业发展历程在宏观上可以中华人民共和国成立为时间节点，分为 1840—1949 年的近代工业发展时期和 1949—1978 年的现代工业发展时期，两个时期工业发展的重点区域、发展规律、主导力量都是截然不同的。在微观上，又可根据历史发展、国家政策等因素将我国近现代工业遗产的发展历程详细划分为八个阶段。基于我国工业发展史的工业遗产时空分布，本部分将从宏观和微观两个层面进行。

（一）中华人民共和国成立前后工业遗产分布对比分析

目前"全国工业遗产信息管理系统"通过实地调研，对各地工业名录、学术著作、国家文物保护单位名录中的工业遗产进行收集等方式进行信息采集，共收录全国已知的工业遗产 1537 项。

利用数据库内 1443 项有效数据进行统计，所得结果如图 3-7 所示。中华人民共和国成立前的近代工业遗产总数为 779 项，占 54%，年平均数量为 7.1 项，中华人民共和国成立后的现代工业遗产总数为 664 项，占 46%，年平均数量为 22.3 项，约为成立前的 3 倍。

1840—1949 年，我国处于近代时期。这一时期工业发展的东西不平等现象极为严重，工业主要集中在东北地区和我国东南沿海地区，大体包括现在黑龙江、吉林、辽宁、河北、天津、北京、山东、江苏、上海、浙江、福建、广东等省份或城市，内陆地区分布极少。1949—1978 年之后，我国工业发展的重心开始向内陆地区迁移，在 20 世纪 50 年代，"一五""二五"时期，苏联援建"156 项目"主要分布在黑龙江、河南、陕西等省份；1964 年之后，由于国际形势紧张，我国开始了"三线建设"时期，工业建设的重点地区包括陕西、甘肃、四川、云南、贵州、广西等内陆三线地区。

基于对中华人民共和国成立前后工业遗产分布进行对比分析，可得出以下结论：

首先，我国近代工业遗产的分布集中在辽宁省、旧直隶（京津冀）地区、山东省、长三角地区以及广东省，上述地区都位于我国大陆最东侧的东北地区和东部、南部沿海地区，其核心城市为上海、天津、沈阳、济南和广州 5 座城市；在我国内陆地区，则主要分布在黑龙江省、山西省、湖北省、湖南省、四川省

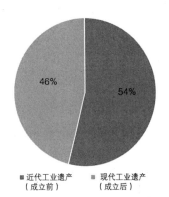

图 3-7 中华人民共和国成立前后工业遗产比例图

- 近代工业遗产（成立前）
- 现代工业遗产（成立后）

（包括现重庆市）等省份，主要的核心城市为哈尔滨、太原、武汉、长沙、重庆、成都等。对近代工业遗产分布的城市进行统计可知，已知的779项近代工业遗产分布在我国113个城市中，其中上海市最多，共有111项，占到总数的14.2%，广州和天津次之，分别有59和52项；其次是济南、南京、武汉、杭州、青岛、无锡、北京、哈尔滨、大连、重庆、沈阳、鞍山等城市，近代工业遗产的数量都在15项及以上。可以看出这些城市绝大多数位于我国东北地区及东部、南部沿海地区，不在这一地区的城市包括武汉和重庆，均位于我国长江流域及长江三角洲地区的上游，武汉为较早的开埠城市，而重庆则在"抗战时期"是我国工业内迁的重要终点站之一。

其次，我国现代工业遗产的空间分布情况，我国东北地区及东部、南部沿海地区中的京津冀地区、山东省、长三角地区、广东省仍然是工业遗产分布较为密集的地区，这几个地区的核心城市分别为天津市和北京市、济南市、上海市和杭州市、广州市；在我国内陆地区，主要分布在广西壮族自治区、陕西省、甘肃省和我国西南地区，这几个地区的核心城市分别为柳州市、西安市、兰州市、成都市、贵阳市以及重庆市。对我国目前已知的现代工业遗产分布的城市进行统计，结果如图3-8所示。柳州市共有工业遗产58项、广州市55项、杭州市43项、北京市33项、济南市31项、南京市28项、兰州和西安各有25项。其中柳州、西安、兰州属于我国"三线建设"时期的重点区域。在我国近代的重要工业遗产城市如上海、天津、青岛、武汉等，在现代工业遗产中所占的比重下降非常明显，由此可见中华人民共和国成立以来工业发展中心调整的变化。

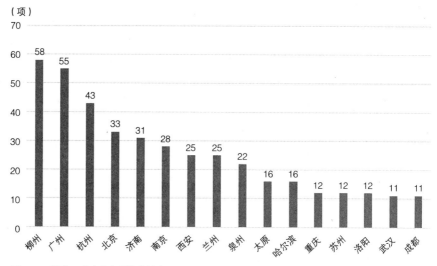

图3-8 现代工业遗产主要分布城市

（二）各工业发展时期工业遗产分布对比分析

1. 近代工业萌芽期（1840—1894 年）

1840 年之前，我国仍处于以人力、畜力为主的手工业生产阶段，并未受"工业革命"影响，产生依靠蒸汽动力和大机器生产的近代化工业。1840 年鸦片战争之后，全国范围内共开放口岸 100 余处，主要城市包括广州、上海、宁波、厦门、福州、天津、伊犁、张家口、汉口、烟台、台南、九江、南京、镇江、温州、宜昌、乌鲁木齐、重庆、腾冲、长沙等。帝国主义国家更在上海、广州、厦门、天津、镇江、九江、汉口（今武汉辖区）、重庆、杭州、苏州、沙市（今荆州辖区）、福州等城市设立租界，严重侵害当时清朝主权，清政府统治下的中国逐渐沦为半殖民地国家。为了救亡图存，以奕䜣、曾国藩、李鸿章、左宗棠、张之洞为代表的清政府洋务派在 19 世纪 60—90 年代掀起了洋务运动。洋务运动前期主要兴办的是军事工业，后期开始创立民用工业，主要以官办和官督商办的形式进行，我国民族工业开始萌芽。1881 年，在李鸿章的推动下，兴办了我国第一条铁路——唐胥铁路。此后唐胥铁路多次向南北延伸，至 1894 年，南北分别延伸至天津和山海关，更名为津山铁路，极大地促进了当时京津冀地区的近代工业发展。

这一时期工业遗产总数为 76 项，主要集中在我国东部、南部沿海的天津及周边地区、上海及周边地区，以及广州、武汉等城市，其他区域分布较少。依据分布城市统计，数量最多的天津有 10 项，上海 9 项，唐山 6 项，广州和武汉各有 5 项。依据创办者类型主要可分为：洋务运动时期由清政府主导创办的官办或官督商办工业，帝国主义国家建立的外资工业遗产和纯粹由民间建立的传统手工业遗产三大类。洋务运动时期的工业遗产以军事及相关工业为主，包括兵器制造、舰船修造、金属冶炼、采矿等类型；以民用工业为辅，主要包括通信、铁路运输、纺织等。如上海江南机器制造总局、南京金陵机器制造局、福州马尾船政、天津北洋水师大沽船坞、吉林机器局、大连旅顺船坞、唐山启新水泥厂、唐山开滦煤矿、黄石大冶铁矿、天津电报局大楼、天津大清邮局、天津塘沽火车站、山西运城大益成纺纱厂等；主要集中在天津及周边，上海、南京、福州等重要或省会城市。由于外国列强在 1895 年前未获得在华办厂权利，对我国的剥削以商品倾销为主，因此这时的外资工业遗产以船坞、码头等船舶修造和海运行业类型为主，如广州柯拜船坞、上海耶松船坞以及天津英国怡和洋行码头等，主要集中在广州、上海等。民间传统手工业遗产主要包括贵州茅台酒工业遗产群、泸州酒窖池、无锡礼舍蚕茧所等，主要集中在四川、贵州等省。该时期工业遗产见证了我国近代化工业从无到有的过程，具有重要的历史、文化、科学及社会价值。

2. 近代工业的发展期（1895—1913年）

1894年，中日甲午战争爆发，清朝战败。1895年，清政府与日本签订了丧权辱国的《马关条约》，允许日本在通商口岸投资办厂，各国通过"利益均沾"原则，也都获得了在华办厂权利，帝国主义国家擅自划分在华势力范围，掀起了瓜分中国的狂潮。《中国近代工业史资料辑（第二辑）》对当时成立的资本在10万元之上的主要工厂进行了统计，其结果显示，1840—1894年的50余年中，外商在华开设的主要工厂为23家，1895—1913年的19年，外商开设的主要工厂为136家[85]，帝国主义国家对我国资源、劳动力的剥削程度加剧。与此同时，清政府于1901年开始推行"新政"，颁布一系列鼓励工商业发展的规章和奖励章程，客观上促进了我国近代民族工业的发展。

这一时期，我国铁路修建主要可分为清政府修建和外国擅建两类。甲午中日战争之后，清政府走投无路，被迫改革，先后通过向英、法、德、美、比等国借款或民间筹款，修建了"京汉"（北京—汉口，1897年始建，1906年完工）、"正太"（正定—太原，1904年始建，1907年完工）、"京张"（北京—张家口，詹天佑主持，我国第一条自主设计建造铁路，1905年始建，1909年完工）、"汴洛"（开封—洛阳，陇海线前身，1904年始建，1909年完工）、"京奉"（北京—奉天，原津山铁路延伸而成，1911年完工）、"津浦"（天津—南京浦口，1908年始建，1911年完工）、"粤汉"（广州—武汉，1905年始建，1911年仅完成总长度14.3%[86]，后被迫停工）、"沪杭"（上海—杭州，1906年始建，1909年完工）等铁路。这一时期，汉阳铁厂在我国铁路修建中起到了至关重要的作用，京汉、京奉、沪杭、粤汉等线路均使用汉阳铁厂生产的钢轨。外国擅建铁路主要包括：沙俄修建的"中东铁路"，分为北部干线和南满支线，北部支线由满洲里途经哈尔滨至绥芬河，南满支线由哈尔滨至大连旅顺港，始建于1898年，1903年完工；德国修建的"胶济铁路"，由青岛出发，途经潍坊、淄博到达济南，始建于1899年，1904年完工；法国在云南修建的"滇越铁路"中国段，由昆明出发，经河口县出境到达越南海防市，始建于1904年，1910年完工[87]。

这一时期工业遗产总数为212项，主要分布在京津冀地区、长三角地区、辽宁省、黑龙江省、山东省、湖北省以及广州市等，内陆四川、重庆、陕西、河南、云南等省份也有少量工业遗产，工业遗产沿近代铁路发展方向分布的趋势明显。根据各城市工业遗产数量统计，数量较多的如：天津有20项，上海17项、青岛12项、哈尔滨11项、广州10项、武汉9项、牡丹江9项、北京8项、无锡8项。这一时期工业遗产最具代表性的类型为铁路运输行业，其次为采矿、纺织、冶炼、食品、烟草等行业。铁路类工业遗产中遗存较多的有中东铁路沿线工业遗产、胶济铁路沿线工业遗产、京张铁路沿线工业遗产和津浦铁路沿线工业遗产；此外京奉、京汉、汴洛、滇越等铁路也有少量遗存等。中东铁路沿线工业遗产分布在内蒙古、黑龙江、吉林、辽宁，包括沿途 20 余个火车站及建筑群，如：全国重点文物保护单位"中东铁路建筑群"中的内蒙古扎兰屯中东铁路建筑群、黑龙江齐齐哈尔昂昂溪中东铁路建筑群、牡丹江横道河子中东铁路建筑群、哈尔滨香坊火车站、吉林公主岭中东铁路建筑群、辽宁大连旅顺火车站等。胶济铁路沿线工业遗产分布在山东省境内沿途各市，主要包括青岛大港火车站、潍坊岞山火车站、潍坊坊子火车站建筑群、济南黄台车站德式建筑群等。京张铁路沿线工业遗产分布在北京和张家口市境内，主要包括西直门火车站、清华园火车站、张家口火车站以及国家文物保护单位"京张铁路南口段至八达岭段"。津浦铁路沿线工业遗产分布在沿途天津、济南、南京等城市，主要包括天津杨柳青火车站、天津西站旧址、天津静海火车站、济南泺口黄河铁路大桥、南京浦口火车站等。其余线路重要遗存还有京奉铁路北京正阳门车站、汴洛铁路开封兴隆庄火车站、滇越铁路碧色寨车站、京汉铁路武汉铁路南局旧址等。其他类型工业遗产的重要实例包括：辽宁本溪湖工业遗产群、石家庄正丰矿工业建筑群、武汉汉阳铁厂、南通大生纱厂、无锡茂新面粉厂、无锡振新纱厂、哈尔滨啤酒厂、青岛啤酒厂等。

3. 近代工业的繁荣期（1914—1936 年）

第一次世界大战期间至 1921 年间，被誉为我国民族工业的"黄金时期"[88]。这一时期，一方面英、法、德等国对我国的商品倾销力度减弱，另一方面沙俄等国军需物资有赖我国提供，我国近代民族工业，特别是面粉、纺织等行业得到了快速发展。第一次世界大战以后，日、美等新兴帝国主义国家向我国资本输出增加，对我国近代民族工业造成一定冲击。1927—1936 年，南京国民政府成立，促成了中国近代工业的又一次迅速发展[89]，在交通、经济等方面取得了较大进步，因此被称作"黄金十年"[90]。

这一时期，我国铁路主要可分为民国政府修建、外国修建和民间修建三类。民国政府修建铁路主要包括："京包"（京张铁路向西延伸，1914 年至大同，1923 年至包头）、"陇海"（汴洛铁路向东西延伸，东段 1925 年到达连云港，西段 1927 年到达河南三门峡灵宝，1934 年到达陕西西安）、"粤汉"（1916年，广州至韶关段完工；1919 年武汉至长沙段完工，与长沙至株洲段接轨；1936 年韶关至株洲段接轨，粤汉铁路全线通车）、"南同蒲"（太原—蒲州，为同蒲铁路南段，1933 年始建，1936 年竣工）、"浙赣"（杭州—南昌，1929 年开工，1936 年完工）、"吉奉"（吉林—沈阳，包括奉海铁路和吉海铁路，张作霖不顾日本反对，于 1925 年始建，1929 年完工）等；外国修建铁路主要以日本在我国东北地区的铁路修建为代表，袁世凯在 1913 年接受日本提出的"满蒙五路权"，允许日本在我国东北及内蒙古地区修建：①"四洮"（现四平市至洮南市）；②"开海"（现开原市至朝阳市）；③"吉海"（现吉林市至朝阳市）；④"长洮"（现长春市至洮南市）；⑤"洮热"（洮南市至承德市）。1917年，四洮铁路开工，1923年完工。其余四条线路，吉海铁路被当时吉林省政府抢先修造，长洮铁路于1937年后才建成，开海、热洮铁路两线未修。民间修建最重要的为云南个碧石铁路。云南个碧石铁路是我国唯一一个采用600cm轨距的铁路，由个旧锡矿公司、滇蜀铁路公司等集资修建，1915年开工，1921年修至碧色寨，1934年经鸡街镇修至石屏县。

这一时期，工业遗产总数为332项，主要集中在天津市、广州市、山东省、辽宁省以及长三角地区，黑龙江、陕西、山西、四川、云南、湖南、福建等地区也有少量工业遗产。根据各城市工业遗产数量统计，上海数量最多为67项，其次为广州29项、天津27项、济南22项、沈阳12项、南京11项、杭州及青岛10项。这一时期，上海数量超越了天津，成为我国工业遗产数量分布的中心，从侧面反映出我国近代工业重心的转移。这时期的工业遗产依据创办者类型主要可以分为我国民族工业遗产以及外商工业遗产。我国民族工业遗产主要以纺织、食品、铁路运输业以及仓储业为主，其中纺织业数量最多，有57项。纺织业典型案例有常州恒原畅纺织厂旧址、常州达成三厂旧址、济南第二印染厂、西安大华纱厂、上海大中华纱厂、天津棉纺织三厂等。食品业典型案例有佛山顺德糖厂、武汉福新面粉厂、青岛汽水厂、上海工部局宰牲场等。铁路运输业典型案例有哈尔滨中东铁路霁虹桥、哈尔滨呼海铁路建筑群、连云港火车站等。仓储业的典型案例有上海四行仓库光一分库、上海杜月笙私家粮仓等。外商工业遗产主要以日本、英国投资为主，日本以纺织工业、金属冶炼等为主，典型案例如上海日商东华纱厂、上海日本丰田纱厂、鞍山昭和制钢所研究所等；英国主要以各类轻工业为主，典型案例如上海英商怡和啤酒厂旧址、济南英美烟草厂、天津英商怡和洋行仓库、天津亚细亚火油公司油库等。

4. 近代工业的衰落期（1937—1949年）

这一时期，我国经历了全面抗日战争以及解放战争，对我国人民造成了不可磨灭的伤害，对近代的工业、经济造成了重大的破坏。1937年7月7日，卢沟桥事变后，全面抗日战争打响，直至1945年8月15日日本无条件投降，我国东部、南部地区的工业损失约占到总量的36%[91]。1937年12月1日，国民政府迁都至重庆，为了开发大后方，保证军资供应，国民党政府工业建设的重点地区在抗战大后方的西南、西北地区。而在日本占领的东北、华北等地区，侵略者为了掠夺我国资源，也进行了一些工业建设。1945年日本投降之后，我国近代工业不仅没有复兴，反而更加衰落，其原因主要是因为战后美国商品在我国市场的倾销，以及国民党官僚资本对民族资本工业的挤压以及解放战争中国民党撤退时的破坏。

全面抗战爆发后，日军疯狂抢占我国的铁路，至 1938 年 10 月，我国关内地区损失了约 9000km 的铁路线，占到了当时总数的 70%。这时期我国铁路建设的重点在西南、西北地区，国民党政府在上述地区规划了一系列铁路，主要包括湘桂、黔桂、滇缅、叙昆、西北铁路，但由于物资匮乏、日本侵略者破坏等原因，建成者甚少，主要有湘桂铁路的湖南衡阳至广西来宾段，黔桂铁路的广西柳州至贵州独山段，以及西北铁路的宝鸡至天水段等。

这一时期工业遗产共计 158 项，其空间分布的区域除了东北、长三角、天津、山东、广州等东部地区以外，以重庆为中心的西南地区也出现了一定数量的工业遗产。对各城市工业遗产数量进行统计，数量最多的是天津 19 项、上海 18 项、广州 15 项、重庆 12 项，其次是济南、南京 8 项，北京、杭州 6 项。这一时期的工业遗产依据创办者可主要分为国统区工业遗产、日占区工业遗产以及根据地工业遗产。国统区工业遗产主要以军事工业、机器制造业等为主要类型，典型案例如重庆第 1 兵工厂、第 21 兵工厂、重庆水轮机厂、重庆钢铁厂、酒泉玉门油田老一井等；日占区工业遗产典型案例主要包括齐齐哈尔伪满洲亚麻厂旧址、天津日本大沽化工厂旧址、金华日军侵华掠矿遗址等。根据地工业遗产指的是共产党在敌后根据地建立的工厂的遗存，根据地工业遗产在抗战时期为我军抗战提供军需补给与后勤保障作出了巨大贡献，具有很强的历史价值、文化价值以及爱国主义教育价值。典型案例有杭州新四军随军被服厂旧址、济南八路军山东纵队二旅供给部纺织厂、长治八路军军工部垂阳兵工厂旧址等。

5. 社会主义工业初建期（1949—1957 年）

1949 年 10 月 1 日中华人民共和国成立，我国工业发展进入了崭新的时期。在三年的经济恢复期中，首先对我国工业资本的性质进行了调整。1949 年，工业总产值中，国营工业占 26.2%，公私合营占 1.6%，私营工业占 48.7%，合作社工业占 0.5%，个体手工业占 23%[92]。经过三年国民经济恢复期，国有工业产值由 1949 年的 36.8 亿元增加到 1952 年的 142.6 亿元，平均年增长率为 57%；公私合营工业每年产值递增 84%。国营工业比重上升至 41.5%，公私合营工业上升至 4.0%，合作社工业比重上升至 3.3%，私营工业比重下降到 30.6%，个体手工业下降到 20.6%。至 1952 年，国营工业已经处于明显的领导地位。

"一五"时期（1953—1957 年），苏联援建我国的"156 项目"是工业建设的重点。"156 项目"主要集中在东北、西北、西南以及我国中部地区，除东北地区以外，其他地区原本都是我国工业较为薄弱的地区。第一个五年计划期间，工业每年增长速度为 14.7%。

这一时期,我国铁路建设的重点在我国的西南、西北地区,相继建成成渝、天兰、湘桂、鹰厦等铁路线。成渝铁路起自四川省会成都,途经资阳、内江、隆昌、江津等县市到达重庆,该铁路始建于1950年,1952年通车,结束了四川没有正式铁路的历史[93]。天兰铁路是陇海铁路最西段,起自甘肃天水,终到省会兰州,始建于1950年,1952年通车。湘桂铁路的来睦段起自广西来宾,途经南宁至中越边境睦南关(今友谊关)。鹰厦铁路是我国东南沿海重要的铁路线,与浙赣铁路交汇,始于江西鹰潭,终点到达福建厦门,始建于1954年,1957年通车。

这一时期工业遗产290项,与我国近代工业遗产的空间分布相比较,其空间分布更为平均,除了我国东北、东南沿海等工业较发达地区以外,我国中部、西北、西南地区也出现了较多的工业遗产。对各城市工业遗产数量进行统计,数量最多的为杭州22项,广州20项,济南17项,北京、柳州16项,哈尔滨15项,南京13项,洛阳12项,泉州11项,兰州10项,成都、天津、克拉玛依、无锡、武汉、西安等城市有7项。可以看出,这时期天津、上海等发达城市不是我国工业发展的重点,我国工业建设的重点转向杭州、哈尔滨、济南、北京、柳州、洛阳、兰州、西安、克拉玛依等城市,工业建设的重心向内陆地区移动。这一时期,依据行业类型对工业遗产进行分析,机器制造、轻工制造、纺织、化工、电气制造等行业的工业遗产类型较多,典型案例包括洛阳中国第一拖拉机厂、广州纺织机械厂、天津拖拉机厂、哈尔滨量具量刃厂、景德镇宇宙瓷厂、上海眼镜一厂旧址、杭州丝绸印染联合厂、天津市外贸地毯厂旧址、杭州长征化工厂、北京第三无线电器材厂(798厂)、成都市国营第715厂等。

6. "二五"时期(1958—1963年)

这一时期,一方面苏联对我国的援助仍在继续,大部分"156项目"在1958年前后建成;另一方面,1956年9月,我国第八次全国代表大会提出了1958—1962年发展国民经济第二个五年计划的建议。提案中指出,在"二五"计划期间要继续进行以重工业为中心的工业建设,推进国民经济的技术改造,巩固和扩大集体所有制与全民所有制。还指出,1962年,工农业总产值比1957年计划增长75%,其中农业总产值增长35%,工业计划增长一倍。结合当时我国经济环境而言,该计划实现概率很大,但后期由于在经济指导工作上发生了严重失误,这个计划被搁置,并没有具体实施。1958年5月,由于在胜利面前产生自满情绪,急于求成,因此轻率地发动了"大跃进"运动,在经济指导工作中采取了许多脱离实际的"左"的做法,对我国国民经济造成了较大伤害。1961年,为了扭转这种混乱局面,中央提出了"调整、巩固、充实、提高"八字方针,起到了拨乱反正的作用,巩固了我国工业发展的成果。

1958 年之前，我国宁夏、新疆、青海等地区都没有铁路。在这一时期，我国铁路建设的主要区域集中在西北地区的新疆、宁夏、甘肃、青海等。先后修建了兰新、兰青、包兰等铁路线。兰新铁路由兰州始发，途经武威、张掖、玉门、哈密等地，终至乌鲁木齐，始建于 1952 年，1962 年通车。兰青铁路由兰州始发，终至西宁，始建于 1958 年，1959 年通车。包兰铁路由包头至兰州，始建于 1954 年，1958 年通车。

这一时期工业遗产共有 189 项，分布在长江三角地区，华南的广州、柳州，西北的西安，以及山东的济南等城市。对各城市工业遗产数量进行统计，最多的为西安 16 项，杭州 15 项，广州 14 项，柳州、南京 12 项，济南 10 项，北京、太原 8 项。西安成为这一时期我国建设的重点城市。根据行业类型进行分析，这一时期主要的工业遗产类型为机器制造、化工、金属冶炼、电器制造、采矿以及纺织业。典型案例有德州机床厂旧址、南京曙光机械厂、长春市拖拉机厂、漳州五更寮炼铁高炉、太原化肥厂、金华兰江冶炼厂、西安电力电容器厂、无锡江南无线电器材厂旧址等。

7. "三线建设"时期（1964—1978 年）

20 世纪 60 年代初，国际形势动荡，美越战争升级，苏联与我国关系破裂，在我国边境集结兵力，中印边境也发生了武装冲突，台湾当局叫嚣"反攻大陆"。面对种种险恶局势，1964 年 5 月党中央提出了"三线建设"方针，主要内容为加快"三线"战略后方的"工业建设、积极备战、准备打仗"的指导方针。1964 年 8 月 17 日，强调："要准备帝国主义可能发动的侵略战争。现在工厂都集中在大城市和沿海地区，不利于备战。工厂可以一分为二，要抢时间搬到内地去。成昆、川黔、滇黔这三条铁路要抓紧修好。"[94] 因此，"三五""四五"时期的工业建设计划，都转向了以备战为中心的三线地区。发展工业首要的问题在于解决交通，"三线建设"时期一个突出的贡献为相继建成了川黔、成昆、贵昆、襄渝、湘黔等几条铁路线路，连接西南地区内部以及周边地区的铁路网就此建成，对当地包括工业在内的方方面面的发展起到了巨大的推动作用。

"三线"地区指的是"长城以南、韶关以北、京广铁路以西、乌鞘岭以东"的广大地区，主要包括现今的四川、重庆市、贵州、云南、广西、陕西、甘肃、宁夏、青海等 13 个省市。在实际建设中主要放在了四川、贵州、云南、陕西、甘肃、河南、湖北和湖南等地。除此之外，在一线、二线地区的腹地地区中也存在着由各省市建设的"小三线"地区。在 1964—1980 年，国家在三线地区建设的投资占当时全国建设总投资的 40%，总计金额达到了 2052 亿元，建立了 1100 多个大中型工矿企业、科研单位和大专院校。"三线建设"对我国中西部的工业开发具有重要的意义，在一定程度上改变了我国工业空间的分布结构。

8. 各时期分解结果对比

通过上述研究，对我国各工业发展时期工业遗产分布情况进行对比分析。首先，在 1840—1894 年，工业遗产主要分布在上海、广州、天津、武汉、福州等城市，以"点"的形式进行分布；1895—1913 年，由于甲午中日战争之后，帝国主义列强获得在我国办厂权利，加上清政府救亡图存的清末新政，我国铁路事业开始大发展，我国工业遗产的分布区域扩展至东北地区中东铁路沿线的哈尔滨、牡丹江，胶济铁路沿线的青岛、济南等城市，并逐步向内陆的河南、湖南等省份扩展；1914—1936 年，我国工业遗产的分布区域又逐步向内陆的山西、陕西、云南等省份扩展；1936—1949 年，由于战争对我国工业的破坏，工业的分布又集中到天津、上海、广州、重庆等当时的重要城市之中，其余地区分布较少。中华人民共和国成立后，1949—1957 年，随着苏联援建，我国工业遗产分布的格局开始变得更加均匀，内陆的西安、兰州、洛阳等，都成为重要的工业城市；1958—1963 年，我国工业遗产的分布规律，基本延续了上一时期的情况；1964—1978 年，在"三线建设"的指导思想之下，我国工业遗产主要分布在四川、贵州、兰州、柳州等省份和城市。综上所述，我国各工业发展时期工业遗产的分布从侧面印证了当时我国工业的发展规律，说明了各个时期我国工业发展的重要区域与未来工业遗产研究的重要区域，具有重要的研究价值。

（三）基于平均中心和分布范围演算的分布中心演化研究

平均中心和分布范围演算是 ArcGIS 软件中的一种空间要素分布分析方法。具体而言，平均中心指的是通过计算，所求得的某一类空间要素的地理中心；而分布范围演算是通过对其标准差椭圆进行分析，以椭圆的范围来表示某类空间要素的主要分布方向与分布区域。基于上述两个方法，通过对我国各时期工业遗产的平均中心和分布范围的演算，对我国工业遗产分布的中心区域的演化进行研究。

我国各时期工业遗产分布的平均中心均分布在我国东部地区，其位置的转移与变化反映了我国各时期工业遗产空间分布重心的转变。在"1840—1894年"，我国最初近代化的地区为广州、上海、厦门、武汉、福州、天津等东部、南部通商口岸以及清末洋务派官员所在的城市，因此我国工业遗产空间分布的平均中心处于安徽、河南、山东三省交界处，大致位于我国东部地区的中间位置，地理经纬度坐标为东经 116.4600，北纬 33.5060。

"1894—1913 年"时期，由于开埠城市的范围不断向华北、东北地区蔓延，德国、日本、沙俄等侵略者在我国的工业建设增加，以及清末新政之后，直隶总督袁世凯对今天津、河北地区工业的经营等因素，导致这时期北方工业遗产数量增多，因此这时期的平均中心向东北方偏移至山东省境内，地理坐标为东经118.9885，北纬35.9381。

"1913—1936 年"时期，由于1914年第一次世界大战爆发为我国民族工业的发展创造了条件，加之1926年之后，中华民国定都于南京，我国政治中心南移，华北地区不再是当时政府工业建设的核心区域，加之我国东部沿海的江苏、上海、浙江等地本就是我国传统纺织、制丝业的重心，上述区域的工业发展迅速，因此，这时期平均中心向南偏移至江苏省境内，地理经纬度坐标为东经118.4561，北纬33.7061。

"1935—1949 年"时期，1937年7月7日，日本挑起卢沟桥事变之后，全面抗日战争爆发。中华民国政府迁至重庆，我国工业发展的重心转至西南及西北地区。因此这时期平均中心向西偏移至江苏、山东、安徽三省交界处，地理经纬度坐标为东经117.015572，北纬34.264274。

"1950—1957 年"时期，1949年10月1日中华人民共和国成立，我国工业发展进入了崭新的时期。"一五"时期（1953—1957年），苏联援建我国的"156项目"是工业建设的重点。这一系列项目极大地提速了中国的工业化进程，让我国在基础工业尤其是重工业的建设中免去了很多本应是自己不断摸索尝试的过程，奠定了我国的工业基础。"156项目"主要集中在东北、西北、西南以及我国中部地区，除东北地区以外，其他地区原本都是我国工业较为薄弱的地区。这时期，我国的平均中心向西偏移至河南省境内，地理经纬度坐标为东经115.0278，北纬34.0910。

"1958—1963 年"时期，我国工业发展经历了"大跃进"运动与其后的拨乱反正。苏联对我国工业建设的援助仍在继续，"156项目"的建设在这个阶段仍在继续。因此，这个时期平均中心继续向西南偏移，地理经纬度坐标为东经114.2977，北纬33.2051。

"1963—1978 年"时期，由于我国与苏联关系紧张，国家安全形势严峻，在这种背景下提出了"三线建设"的战略方针。这时期我国工业发展的重心进一步向西部转移，主要集中在"长城以南、韶关以北、京广铁路以西、乌鞘岭以东"的广大地区，主要包括现今的四川、重庆、贵州、云南、广西、陕西、甘肃、宁夏、青海等13个省市。因此，这一时期，平均中心继续向西南偏移至湖南、湖北省交界处，地理经纬度坐标为东经111.7887，北纬29.9923。

综上所述，以下将我国各历史时期工业遗产的平均中心的演算结果与我国领土的"标准平均中心"以及我国人口地理学著名的"胡焕庸线"进行对比分析。

我国领土的"标准平均中心"的定义指的是在只考虑我国领土的几何形状的情况下所计算出来的平均中心。"胡焕庸线"是我国著名地理学家胡焕庸

（1901—1998 年）在 1935 年所提出的我国人口密度分割线，最初称为"瑷珲 –
腾冲线"，其后由于地名的更改，改为"黑河 – 腾冲线"。这条线从黑龙江省黑
河至云南省腾冲，大致为倾斜 45° 的制线。基于我国 2000 年第五次全国人口
普查资料，"胡焕庸线"的东南侧面积约占我国国土面积的 43.8%，总人口达
到我国的 94.1%。"胡焕庸线"在某种程度上成为目前城镇化水平、经济水平
等的分割线，这条线东南侧的地区城镇化、经济的水平高于线西北侧的地区。
对近代以来我国各区域工业发展的空间分布形态的产生具有重要意义，在我国
人口地理学中起到了画龙点睛的作用。

　　基于 GIS 计算，我国工业遗产分布的"标准平均中心"所在的位置位于我
国甘肃省兰州市境内，经纬度坐标为东经 103.841，北纬 36.496，位于"胡焕
庸线"的西北侧。我国 7 个时期工业遗产空间分布的平均中心则全部位于"胡焕
庸线"的东南侧。人口的分布情况与经济、城镇化以及工业发展的情况密切
相关，因此，我国工业遗产的空间分布与我国人口的分布存在着重要联系，所
有时期的平均中心都在东南部地区是必然的。首先，我国各时期工业遗产空间
分布的平均中心都位于我国东部地区；其次，我国各时期工业遗产空间分布的
平均中心除了在 1895—1913 年时期短暂地向东北方向迁移外，其余时期都是
向西南方向进行迁移，一方面反映出我国各时期工业遗产分布的重心的迁移，
另一方面也折射出我国 1840—1978 年间我国工业发展重心的迁移方向有由东
北向西南迁移的趋势。

　　基于标准椭圆的计算，与"胡焕庸线"对比分析，我国各时期工业遗产的
主要分布区域基本都分布在我国的东南地区，即"胡焕庸线"的东南侧。特别
是在 1949 年之前，根据各时期我国近代工业遗产分布的标准椭圆的主要分布
范围集中在我国东北、东部及南部沿海地区；而在 1949 年之后的三个时期，
虽然标准椭圆大部分面积集中在"胡焕庸线"的东南侧，但是可以看出，边界
已经跨越了"胡焕庸线"，开始覆盖我国的内蒙古、宁夏、甘肃等省份。说明
在中华人民共和国成立后，我国工业发展的重心开始向我国中部、西部转移。

四、基于行业类型的空间分布研究

　　1949 年之前，我国近代民族工业的开端以清政府救亡图存的"洋务运动"
开始，最早建设的工业是为了发展军事工业，增强国防实力，达到"师夷长技
以制夷"的目的，这时期主要发展的工业为采矿、金属冶炼、机械制造、船舶
制造、军工制造等重工业和军事工业，通信、纺织等民用工业为辅，主要工业
遗产代表如上海江南机器制造总局、南京金陵机器制造局、福州马尾船政、天

津北洋水师大沽船坞、吉林机器局、大连旅顺船坞、唐山启新水泥厂、唐山开滦煤矿、黄石大冶铁矿、天津电报局大楼、天津塘沽火车站、山西运城大益成纺纱厂等。但在甲午战争之后，我国重工业的发展基本停滞，虽在日占、伪满地区由日本侵略者建立了一些金属冶炼、采矿等重工业，但在抗日战争中几乎被苏联摧毁或掠夺。纺织、食品等轻工业成为我国工业发展的主流，这种情况一直持续到1949年之前。1949年之后，为了改变重工业基本为零的局面，确立了以重工业为主的工业发展方针，主要发展采矿、金属冶炼、机械制造、航天航空制造、电子、铁路交通等工业。

依据我国目前已知的工业遗产数据库的信息以及《中国工业遗产行业名称及代码表（2018版）》，对其行业进行统计，其结果见表3-6。在各行业类型工业遗产中，数量超过50项的有：机器制造227、交通运输184、采矿131、纺织128、食品90、电器制造74、化工73、金属冶炼71、仓储67、市政58、军工54。金属加工、航空工业、木材加工、造币、建筑工程、影视、邮政、伐木、航天工业等行业的工业遗产数量较少。下面将依据年代、空间分布和行业细分的角度，对交通运输、机器制造、纺织、采矿、轻工制造、食品、化工等工业遗产数量较多的行业进行进一步研究。

（一）机器制造

我国共有机器制造业类型工业遗产227项，对机器制造业再进行细分并进行统计，结果见表3-7，工业专用设备制造业有56项，船舶修造有35项，通

我国工业遗产行业类型统计　　　　　　　　　表3-6

行业类型（大）	频率	行业类型（大）	频率	行业类型（大）	频率
机器制造	227	制药	31	化学纤维工业	8
交通运输	184	通信	28	工艺美术品制造业	7
采矿	131	仪器制造	27	造币	5
纺织	128	造纸及纸制品业	27	综合	5
食品	90	印刷	21	未知	4
电器制造	74	水利	19	皮革、毛皮及其制品业	4
化工	73	烟草	19	橡胶制品业	4
金属冶炼	71	金属加工	15	工业附属	3
仓储	67	焦化及煤气用品	13	建筑工程	3
市政	58	玻璃及玻璃制品业	11	文教体育用品制造业	3
军工	54	木材	10	家具制造业	2
能源	48	日用金属制造业	10	文化（电影、音乐）	2
建筑材料及其他非金属矿物制品业	38	缝纫业	10	邮政	2

行业类型（小）	频率	百分比（%）
工业专用设备制造业	56	24.7
船舶修造	35	15.4
通用设备制造业	26	11.5
汽车制造业	25	11.0
锅炉及发动机制造业	24	10.6
通用零部件制造业	20	8.8
飞机制造业	12	5.3
铁路运输设备制造业	10	4.4
农、林、牧、渔业机械制造业	4	1.8
机械设备修理业	3	1.3
其他机械制造业	3	1.3
航天工业	2	0.9
建筑机械制造业	2	0.9
交通运输设备修理业	2	0.9
日用机械制造业	2	0.9
摩托车制造业	1	0.3

用设备制造业26项，汽车制造业25项，锅炉及发动机制造业24项，通用零部件制造业20项，飞机制造业12项，铁路运输设备制造业10项，农、林、牧、渔业机械制造业4项，机械设备修理业、其他机械制造业3项，航天、建筑机械制造业、交通运输设备修理业、日用机械制造业为2项，摩托车制造业1项。

由此可知，我国的工业专用设备制造业、船舶修造、通用设备制造业、汽车制造业、锅炉及发动机制造业、通用零部件制造业等类型的工业遗产数量最多，工业专用设备制造业可细分为纺织机械、机床、重型机械等，典型案例如天津纺织机械厂、广州纺织机械厂、齐齐哈尔中国第一重型机械厂、四川德阳中国第二重型机械厂等。船舶修造业典型案例如北洋水师大沽船坞遗址、福州马尾船政遗址等。通用设备制造业的典型案例如南京机床厂、济南第一机床厂等。汽车制造业的典型案例有洛阳中国第一拖拉机厂、天津拖拉机厂、长春第一汽车制造厂等。锅炉及发动机制造业的典型案例有哈尔滨锅炉厂、济南柴油机厂等。通用零部件制造业的典型案例有哈尔滨轴承厂等。

依据始建年代对我国机器制造类型工业遗产进行统计，1840—1894年为10项、1895—1913年为15项、1914—1936年18项、1937—1949年28项、1950—1957年73项、1958—1963年39项、1964—1978年37项。现代工业遗产共有149项，占总数的65.6%（表3-8）。

年代	频率	百分比（%）
不详	7	3.1
1840—1894 年	10	4.4
1895—1913 年	15	6.6
1914—1936 年	18	7.9
1937—1949 年	28	12.3
1950—1957 年	73	32.2
1958—1963 年	39	17.2
1964—1978 年	37	16.3
总计	227	100.0

机器制造类工业遗产城市分布统计表　　　　　　表3-9

城市	频率	百分比（%）	城市	频率	百分比（%）	城市	频率	百分比（%）
上海	22	9.78	昆明	3	1.32	贵阳	1	0.44
柳州	18	7.93	青岛	3	1.32	呼和浩特	1	0.44
南京	16	7.05	石家庄	3	1.32	葫芦岛	1	0.44
广州	14	6.17	安顺	2	0.88	鸡西	1	0.44
济南	13	5.73	丹东	2	0.88	吉林	1	0.44
天津	12	5.29	德阳	2	0.88	克拉玛依	1	0.44
杭州	10	4.41	福州	2	0.88	南宁	1	0.44
哈尔滨	8	3.52	合肥	2	0.88	齐齐哈尔	1	0.44
兰州	8	3.52	嘉兴	2	0.88	秦皇岛	1	0.44
洛阳	8	3.52	酒泉	2	0.88	唐山	1	0.44
北京	7	3.08	泸州	2	0.88	铁岭	1	0.44
太原	7	3.08	苏州	2	0.88	威海	1	0.40
泉州	5	2.20	潍坊	2	0.88	西昌	1	0.44
武汉	5	2.20	长春	2	0.88	营口	1	0.44
西安	5	2.20	长沙	2	0.88	中山	1	0.44
成都	4	1.76	常州	1	0.44	株洲	1	0.44
无锡	4	1.76	大同	1	0.44	遵义	1	0.44
重庆	4	1.76	德州	1	0.44			
大连	3	1.32	广元	1	0.44			

　　我国机器制造类工业遗产的空间分布，主要集中在上海及周边地区，其次是柳州、天津、济南等城市，再次是太原、哈尔滨、西安、兰州等城市。以城市为单位进行统计，见表3-9，上海、柳州、南京、广州、济南、天津、杭州等城市的数量超过了10项，这些城市都分布在我国东南部沿海地区。

（二）交通运输

见表 3-10，我国交通运输类工业遗产共有 181 项，铁路类型为 120 项、水运类型为 34 项、桥梁类型为 17 项、航空类型为 7 项、公路类型为 3 项。主要典型案例有：兰州黄河铁桥、天津万国桥、青岛小青岛灯塔、天津塘沽火车南站、潍坊坊子火车站建筑群、中东铁路松花江大桥等。

我国交通运输类型工业遗产细分类型统计　　　　　表 3-10

行业类型（小）	频率	百分比（%）
铁路	120	66.3
水运	34	18.8
桥梁	17	9.4
航空	7	3.9
公路	3	1.6

我国交通运输类工业遗产主要集中在京津冀地区、长三角地区、中东铁路沿线和广州市，其分布年代有 48.1% 集中在 1894—1913 年（表 3-11）。由此可知在甲午战争之后，我国铁路等交通运输业进入了高速发展时期。

交通运输类工业遗产年代分布表　　　　　表 3-11

年代	频率	百分比（%）
不详	4	2.2
1840—1894 年	17	9.4
1895—1913 年	87	48.1
1914—1936 年	40	22.1
1937—1949 年	15	8.3
1950—1957 年	8	4.4
1958—1963 年	6	3.3
1964—1978 年	4	2.2
总计	181	100.0

交通运输类工业遗产各城市分布的统计结果见表 3-12，天津、广州、哈尔滨、牡丹江、齐齐哈尔、青岛、济南等城市数量最多，这些城市集中在我国东北以及东南沿海地区，沿途有京奉、津浦、京广、中东、胶济等重要铁路线。

城市	频率	百分比（%）	城市	频率	百分比（%）	城市	频率	百分比（%）
天津	25	12.3	营口	3	1.7	丽江	1	0.6
广州	13	6.9	沈阳	2	1.1	连云港	1	0.6
哈尔滨	12	6.6	红河	2	1.1	临高	1	0.6
牡丹江	9	5	红桥区	2	1.1	内江	1	0.6
齐齐哈尔	8	4.4	秦皇岛	2	1.1	濮阳	1	0.6
青岛	8	4.4	潍坊	2	1.1	黔南	1	0.6
济南	6	3.3	鞍山	1	0.6	黔西南	1	0.6
北京	5	2.8	本溪	1	0.6	厦门	1	0.6
大庆	5	2.8	丹东	1	0.6	四平	1	0.6
柳州	5	2.8	东莞	1	0.6	通辽	1	0.6
上海	5	2.8	个旧	1	0.6	渭南	1	0.6
武汉	5	2.8	汉中	1	0.6	温州	1	0.6
承德	4	2.2	合肥	1	0.6	无锡	1	0.6
大连	4	2.2	呼和浩特	1	0.6	宜昌	1	0.6
杭州	4	2.2	葫芦岛	1	0.6	张家口	1	0.6
绥化	4	2.2	吉林	1	0.6	镇江	1	0.6
长沙	4	2.2	开封	1	0.6	郑州	1	0.6
呼伦贝尔	3	1.7	昆明	1	0.6	重庆	1	0.6
南京	3	1.7	兰州	1	0.6	株洲	1	0.6
唐山	3	1.7	乐山	1	0.6			

（三）采矿

采矿类工业遗产总数为 131 项，其中煤炭类有 59 项，有色金属（铜、银、金等）有 27 项，石油有 19 项，非金属矿（石膏、石头、沙等）有 15 项，黑色金属（铁、铅等）有 9 项，盐矿有 2 项。可见，煤炭类矿业遗产占到了绝大多数。与"英国北方矿业研究学会"的 36000 多个矿山遗址的数据库比较而言，我国采矿类工业遗产的研究极为不足。

我国采矿类工业遗产主要集中在辽宁、河北、山东以及华中地区。采矿类工业遗产的分布地区与其他类型的工业遗产相比，其分布地带主要集中在我国北方内陆，而非东部沿海地区（表 3-13）。

对我国采矿类工业遗产所产生的年代进行统计，采矿类工业遗产由于其特殊性，有一部分是从古代延续至近现代的，这一类有 40 项，1840—1894 年 8 项，1895—1913 年 21 项，1914—1936 年 14 项，1937—1949 年 10 项，1950—1957 年 16 项，1958—1963 年 13 项，1964—1978 年 9 项。

我国采矿类工业遗产细分类型统计表　　　表 3-13

行业类型（小）	频率	百分比（%）
煤炭	59	45.0
有色金属	27	20.6
石油	19	14.5
非金属矿	15	11.5
黑色金属	9	6.9
盐矿	2	1.5

采矿类工业遗产城市分布统计结果见表 3-14，抚顺、葫芦岛有 8 项，北京、克拉玛依、太原、铁岭有 4 项，大庆、韶关、石家庄、唐山、天津等城市 3 项。可以看出，采矿类工业遗产的分布与其他类型工业遗产不同，主要集中在我国东北、华北、西北、西南、华中等内陆地区。

采矿类工业遗产城市分布统计　　　表 3-14

城市	频率	百分比（%）	城市	频率	百分比（%）	城市	频率	百分比（%）
抚顺	8	6.0	福州	1	0.8	梅州	1	0.8
葫芦岛	8	6.0	阜新	1	0.8	南京	1	0.8
北京	4	3.0	富蕴	1	0.8	南阳	1	0.8
克拉玛依	4	3.0	格尔木	1	0.8	宁波	1	0.8
太原	4	3.0	桂林	1	0.8	盘锦	1	0.8
铁岭	4	3.0	哈尔滨	1	0.8	萍乡	1	0.8
大庆	3	2.3	邯郸	1	0.8	潜江	1	0.8
韶关	3	2.3	淮安	1	0.8	三门峡	1	0.8
石家庄	3	2.3	淮北	1	0.8	石嘴山	1	0.8
唐山	3	2.3	淮南	1	0.8	双鸭山	1	0.8
天津	3	0.8	黄石	1	0.8	绥化	1	0.8
鞍山	2	1.5	鸡西	1	0.8	台州	1	0.8
白银	2	1.5	吉林	1	0.8	铜仁	1	0.8
本溪	2	1.5	济南	1	0.8	铜山	1	0.8
郴州	2	1.5	焦作	1	0.8	汪清	1	0.8
大同	2	1.5	金昌	1	0.8	威海	1	0.8
丹东	2	1.5	金华	1	0.8	渭南	1	0.8
鹤岗	2	1.5	景德镇	1	0.8	湘潭	1	0.8
酒泉	2	1.5	昆明	1	0.8	孝感	1	0.8
临沂	2	1.5	来宾	1	0.8	邢台	1	0.8
白山	1	0.8	兰州	1	0.8	徐州	1	0.8
沧州	1	0.8	丽水	1	0.8	延安	1	0.8

城市	频率	百分比（%）	城市	频率	百分比（%）	城市	频率	百分比（%）
承德	1	0.8	辽阳	1	0.8	伊春	1	0.8
赤峰	1	0.8	辽源	1	0.8	宜昌	1	0.8
大兴安岭	1	0.8	林西	1	0.8	应城	1	0.8
丹巴	1	0.8	六盘水	1	0.8	营口	1	0.8
德兴	1	0.8	龙岩	1	0.8	枣庄	1	0.8
东营	1	0.8	满洲里	1	0.8	重庆	1	0.8
额尔古纳	1	0.8	淄博	1	0.8			

（四）纺织

我国共有纺织类型工业遗产 129 项，我国纺织类工业遗产主要集中在以上海为中心的长三角地区，其他则主要分布在天津、青岛、济南、西安等地。根据行业类型进一步细分，其中棉纺织有 43 项，纺纱 38 项，印染 14 项，蚕丝场 8 项，针织厂 8 项，麻纺织 7 项，毛纺织 7 项，粗纺、纺线、绒线等为 1 项（表 3-15）。

我国纺织类工业遗产细分类型统计表 　　　　　表 3-15

行业类型（小）	频率	百分比（%）
棉纺织	43	33.3
纺纱	38	29.5
印染	14	10.8
蚕丝场	8	6.2
针织	8	6.2
麻纺织	7	5.4
毛纺织	7	5.4
粗纺	1	0.8
纺线	1	0.8
绒线	1	0.8
织布	1	0.8

根据年代分布对我国纺织类工业遗产进行统计，1840—1894 年 5 项，1895—1913 年 11 项，1914—1936 年 57 项，1937—1949 年 12 项，1950—1957 年 19 项，1958—1963 年 12 项，1964—1978 年 6 项。可以看出，在 1914 年之后，以及中华民国"黄金十年"中，我国纺织类型工业遗产数量最多。

城市	频率	百分比(%)	城市	频率	百分比(%)	城市	频率	百分比(%)
上海	23	17.83	大连	2	1.55	南京	1	0.78
无锡	13	10.08	福州	2	1.55	南通	1	0.78
杭州	10	7.75	嘉兴	2	1.55	宁波	1	0.78
济南	8	6.20	石家庄	2	1.55	齐齐哈尔	1	0.78
西安	8	6.20	北京	1	0.78	秦皇岛	1	0.78
天津	7	5.43	沈阳	1	0.78	唐山	1	0.78
青岛	6	4.65	哈尔滨	1	0.78	铁岭	1	0.78
苏州	6	4.65	湖州	1	0.78	营口	1	0.78
泉州	5	3.88	晋城	1	0.78	运城	1	0.78
广州	4	3.10	兰州	1	0.78	长沙	1	0.78
武汉	4	3.10	辽阳	1	0.78	郑州	1	0.78
常州	3	2.33	柳州	1	0.78	重庆	1	0.78
镇江	3	2.33	南昌	1	0.78			

见表 3-16,我国纺织类工业遗产数量最多的城市为上海 23 项,无锡 13 项,杭州 10 项,济南、西安 8 项,天津 7 项,青岛、苏州 6 项。可以看出,我国纺织类工业遗产主要集中在我国东部沿海的天津、山东、上海及周边地区,曾经我国纺织业的"上青天"格局,得到了验证。

(五)食品

我国食品类工业遗产主要集中在广州、上海以及山东、湖北、重庆等地,其中广州 14 项、上海 8 项、济南 7 项、杭州 5 项以及武汉 5 项,属于食品类型工业遗产较多的城市。1840—1894 年有 7 项,1895—1913 年 14 项,1914—1936 年 25 项,1937—1949 年 8 项,1950—1957 年 16 项,1958—1963 年 10 项,1964—1978 年 10 项。

(六)电器制造

我国电器类工业遗产依照年代来统计,1840—1894 年有 1 项,1895—1913 年 4 项,1914—1936 年 8 项,1937—1949 年 7 项,1950—1957 年 17 项,1958—1963 年 14 项,1964—1978 年 23 项,电器制造类工业遗产在年代上主要分布在现代。根据空间分布进行统计分析,电器类工业遗产主要分布在长三角、广西和华北地区。其中柳州 13 项、南京 8 项、北京 7 项、济南和西安 5 项、哈尔滨和苏州 4 项。

（七）化工

我国化工类工业遗产依照行业细分进行统计，合成材料制造业 18 项、化学肥料制造业 8 项、化学农药制造业 1 项、基本化学原料制造业 19 项、日用化学产品制造业 17 项、有机化学产品制造业 9 项、炸药及火工产品制造业 1 项。依照年代来统计，1840—1894 年有 0 项，1895—1913 年 1 项，1914—1936 年 20 项，1937—1949 年 8 项，1950—1957 年 17 项，1958—1963 年 12 项，1964—1978 年 14 项。根据空间分布进行统计分析，化工类工业遗产主要集中在长三角、京津冀、山西、广州、吉林、兰州等地。其中最多的如广州为 11 项，杭州和上海 8 项，天津 7 项，太原 6 项。

第四节　本章小结

通过文物保护名单、各地工业遗产名录、各地工业遗产著作、国家矿山公园名录、工业遗产相关学术论文、现场调研等 6 个方面对我国目前已知的工业遗产进行信息采集，共获得工业遗产点 1537 项。信息采集的内容包括：名称、始建年份、始建时期、行业类型（大）、行业类型（小）、经度、纬度、省份（直辖市、自治区、特别行政区）、城市（州）、地址、保护等级、再利用情况、数据来源等。

基于 ArcGIS Engine 二次开发组件、C++ 计算机语言，开发了客户端版软件"全国工业遗产信息管理系统"，然后利用本软件调取"全国工业遗产 GIS 数据库"中的数据，并实现了我国工业遗产信息浏览、检索、统计等一系列功能。笔者开发的"全国工业遗产信息管理系统"软件，已获得国家知识产权局著作权证书。

基于全国工业遗产 GIS 数据库，自主建立"全国工业遗产网络地图"，目前测试版已正式上线，希望通过该网络地图，推动工业遗产保护理念的推广、加强工业遗产旅游的宣传、为社会各界了解工业遗产提供一个有效的途径。"中国工业遗产网络地图"的网站可通过互联网进行访问。

根据研究表明，目前我国工业遗产在空间分布上呈现东部地区多，西部地区少的趋势；分布的区域尤其集中在我国的最东侧地区，即东北地区以及东南沿海地区，该区域内包括黑龙江、吉林、辽宁、河北、北京、天津、山东、江苏、上海、浙江、福建、广东和广西，共有工业遗产 1168 项。

基于核密度分析对我国各工业发展时期的工业遗产分布情况进行研究可知，我国工业遗产的分布虽然整体上呈现"东多西少"的格局，但在每个具体的时期，由于工业建设核心区域的不同，工业遗产的空间分布呈现出多样性的变化：1840—1894 年时期的工业遗产主要集中在天津、上海、广州等早期开埠城市；1894—1913 年时期主要集中在京津冀地区、长三角地区、辽宁省、黑龙江省、山东省、湖北省以及广州市等，内陆四川、重庆、陕西、河南、云南等地区也有少量工业遗产；1913—1936 年时期主要集中在天津市、广州市、山东省、辽宁省以及长三角地区；黑龙江、陕西、山西、四川、云南、湖南、福建等地区也有少量工业遗产；1935—1949 年时期主要集中的区域除了东北、长三角、天津、山东、广州等东部地区以外，以重庆为中心的西南地区也出现了一定数量的工业遗产；1950—1957 年时期工业遗产分布较为均匀，除了我国东北、东部及南部沿海等工业较发达地区以外，我国中部、西北、西南地区也出现了较多的工业遗产；1958—1963 年时期主要分布集中在长江三角地区，华南的广州、柳州，西北的西安，以及山东的济南等城市；1963—1978 年主要分布在甘肃、四川、重庆、贵州、云南以及广西等三线地区。

根据 GIS 平均中心和分布范围演算，对各时期我国工业遗产分布区域的变迁进行研究。参照我国人文地理学科中著名的"胡焕庸线"（黑河 – 腾冲线），与研究结果对比可知，我国工业遗产的分布主要处在"胡焕庸线"的东侧，但平均中心随着时间的推移不断向西变迁的趋势。

我国未被保护与再利用的工业遗产所占比重较大，保护与再利用的潜力较大。不论是被保护的工业遗产，还是被再利用的工业遗产，主要案例都集中在我国东部发达地区，但保护案例主要集中在上海、广州等城市，再利用案例集中在北京、上海等城市。

基于行业类型对我国工业遗产的空间分布进行研究，选择了机器制造、交通运输、采矿、纺织、食品、电器制造、化工等 7 个工业遗产数量最多的行业作为主要案例进行研究。可以看出机器制造类主要集中在 1950—1957 年，主要分布城市有上海、柳州、南京、广州、济南、天津等；交通运输类主要集中在铁路行业，时间主要集中在 1894—1913 年，主要分布城市有天津、广州、哈尔滨等；采矿类主要集中在煤炭行业，时间主要集中在 1894—1913 年，主要分布在抚顺、葫芦岛、北京、克拉玛依、太原、铁岭、大庆等城市；纺织类主要集中在棉纺织行业，时间主要集中在 1913—1936 年，主要分布在上海、无锡、杭州、济南、西安、青岛、苏州等城市；食品行业时间主要集中在 1913—1936 年，主要分布在广州、上海、济南、武汉等城市；电器制造类的时间主要集中在柳州、南京、北京、济南、西安等城市；化工类工业遗产时间主要集中在 1914—1936 年，主要分布在广州、杭州、上海、天津、太原等城市。可以看出，除采矿类工业遗产这种资源主导型的行业以外，东部沿海地区在各行业类型工业遗产的分布中依然处于主导地位。

第四章　城市层级信息管理系统建构及应用研究——以天津工业遗产普查为例

第一节　天津市工业遗产普查的实施

天津是近代时期我国北方的经济中心与工业中心，素有"百年中国看天津"之称，可见其在我国近现代历史上的重要地位。当今天津仍保存着许多优秀的近代建筑遗产、历史街区、工业遗产。1860年，天津开埠，沦为"九国租界"，各国租界均设在海河沿岸。至此，天津开始了近代化的进程，但这时期的近代工业多为外国资本建立。洋务运动时期，直隶总督李鸿章大力经营天津，先后建立天津机器局、北洋水师大沽船坞等近代化军事工业。甲午中日战争之后，清政府战败签订丧权辱国的《马关条约》，导致帝国主义掀起瓜分中国的大潮；1900年八国联军侵华，攻陷北京，次年签订了《辛丑条约》，中国彻底沦为半殖民地国家。1901年，清政府掀起了救亡图存的"清末新政"，袁世凯接替李鸿章成为直隶总督，在天津原外国租界区的北侧建兴建新区，因地处海河北岸，故称"河北新区"；袁世凯为了促进天津近代工业的发展，派遣周学熙到日本进行实业考察，回国创办直隶工艺总局，并先后设立实习工场、劝业铁工厂，促进了天津近代民族工业的发展。

从2010年开始，一直到2012年，笔者所在的天津大学中国文化遗产保护国际研究中心在天津市规划局的牵头下，对天津市市域范围内的工业遗产进行了全面普查。根据天津近现代工业的发展历程，普查的时间范围限定在20世纪60、70年代的工业遗存。这次普查工作使用了统一的《工业遗产调查表》，调查表分为《厂区情况调查表》和《建筑/构筑物调查表》，调查表的内容见表4-1。

天津工业遗产普查工作历时两年完成，对天津市域范围工业遗产进行了普查工作，在2012年结束时，共发现工业遗产120项。但由于工业遗产拆除等原因，经过不断的跟踪调查，截至2018年6月，最终确定天津的工业遗产为108项，具体情况见表4-2。需要特别指出的是，由于笔者团队当时对工业遗产的认知不足，导致在该次天津工业遗产的专项普查中没有对设备遗产进行信息采集，因此，本文先不做具体讨论，在未来的研究中，将进行补足；在数据库和管理系统的讨论中，也充分考虑了设备遗产。

天津《工业遗产调查表》内容　　　　表4-1

分类	内容
厂区调查表	原名称、现名称、设计人、地址、厂区范围界定、始建年代、遗存位置、历史建筑面积、厂区面积、产权单位、原使用功能、现使用者、现状使用类型、历史沿革、是否正处在地块策划中、保护再利用模式、环境要素（小品、雕塑、原始围墙、古树名木）、其他
建（构）筑物调查表	建筑编号、建筑名称、单体建筑面积、层数、建筑高度、始建年代、原使用功能及变迁情况、修缮及改造情况（年代/内容）、现状照片编号（包括外立面、内部、细节）、建筑质量、设备情况、建筑价值、保留策略

天津市工业遗产名录　　　　表4-2

原名	现名	区县	年代
宝成裕大纱厂旧址	天津棉三创意街区	河东区	1914—1936年
北宁铁路管理局旧址	天津铁路分局	河北区	1937—1949年
北洋工房	北洋工房旧址	河西区	1914—1936年
北洋水师大沽船坞	天津市船厂	滨海新区	1840—1894年
比商天津电车电灯股份有限公司旧址	天津电力科技博物馆	河北区	1895—1913年
陈官屯火车站	陈官屯火车站	静海区	1895—1913年
城关扬水站闸	城关扬水站闸	静海区	1958—1963年
大沽灯塔	大沽灯塔	滨海新区	1964—1978年
大沽息所	英国大沽代水公司旧址	滨海新区	1840—1894年
大红桥	大红桥	红桥区	1840—1894年
大清邮局旧址	天津邮政博物馆	和平区	1840—1894年
大朱庄排水站	大朱庄排水站	蓟州区	1958—1963年
丹华火柴厂职员住宅	丹华火柴厂职员住宅	红桥区	1914—1936年
东亚毛呢纺织有限公司旧址	东亚毛纺厂	和平区	1914—1936年
东洋化学工业株式会社汉沽工厂	天津化工厂	滨海新区	1937—1949年
独流给水站	独流给水站	静海区	
耳闸	耳闸	河北区	1914—1936年
法国电灯房旧址	法国电灯房旧址	和平区	1895—1913年
纺织机械厂	1946文创产业园	河北区	1937—1949年
港5井	港5井	滨海新区	1964—1978年
沟河北采石场	沟河北采石场	蓟州区	1840—1894年
国民政府联合勤务总司令部天津被服总厂第十分厂	天津针织厂	河东区	1950—1957年

原名	现名	区县	年代
国营天津无线电厂旧址	国营天津无线电厂旧址	河北区	1937—1949 年
海河防潮闸	海河防潮闸	滨海新区	1958—1963 年
海河工程局旧址	天津航道局有限公司	河西区	1895—1913 年
汉沽铁路桥	汉沽铁路桥旧址	滨海新区	1840—1894 年
合线厂旧址	合线厂旧址	西青区	1964—1978 年
华新纺织股份有限公司旧址	华新纺织股份有限公司旧址	河北区	1914—1936 年
华新纱厂工事房旧址	天津印染厂	河北区	1914—1936 年
黄海化学工业研究社	黄海化学工业研究社旧址	滨海新区	1914—1936 年
济安自来水股份有限公司旧址	金海岸婚纱	和平区	1895—1913 年
甲装铁工所	天津动力机厂	河北区	1914—1936 年
交通部材料储运总处天津储运处旧址	铁路职工宿舍	河北区	1937—1949 年
金刚桥	金刚桥	河北区	1895—1913 年
津浦路西沽机厂旧址	艺华轮创意工场	河北区	1895—1913 年
静海火车站	静海火车站	静海区	1895—1913 年
久大精盐公司码头	天津碱厂原料码头	滨海新区	1914—1936 年
开滦矿务局塘沽码头	开滦矿务局码头	滨海新区	1895—1913 年
宁家大院（三五二二厂）	宁家大院（三五二二厂）	南开区	1937—1949 年
启新洋灰公司塘沽码头	永泰码头	滨海新区	1895—1913 年
前甘涧兵工厂旧址	前甘涧兵工厂旧址	蓟州区	1964—1978 年
日本大沽化工厂旧址	大沽化工厂	滨海新区	1937—1949 年
日本大沽坨地码头旧址	日本大沽坨地码头旧址	滨海新区	1937—1949 年
日本塘沽三菱油库旧址	中国人民解放军某部驻地	滨海新区	1937—1949 年
日本协和印刷厂旧址	天津环球磁卡股份有限公司	河西区	1937—1949 年
三岔口扬水站	三岔口扬水站	蓟州区	1964—1978 年
三五二六厂旧址	天津三五二六厂创意产业园	河北区	1937—1949 年
盛锡福帽庄旧址	盛锡福帽庄旧址	和平区	1937—1949 年
十一堡扬水站闸	十一堡扬水站闸	静海区	1958—1963 年
双旺扬水站	双旺扬水站	静海区	1964—1978 年
水线渡口	水线渡口	滨海新区	1840—1894 年
唐官屯给水站	唐官屯给水站	静海区	1895—1913 年
唐官屯铁桥	唐官屯铁桥	静海区	1895—1913 年
唐屯火车站	唐屯火车站	静海区	1895—1913 年
塘沽火车站	塘沽南站	滨海新区	1840—1894 年
天津玻璃厂	万科水晶城天波项目运动中心	河西区	1937—1949 年
天津达仁堂制药厂旧址	达仁堂药店	河北区	1914—1936 年
天津电话六局旧址	中国联合网络通信有限公司天津市河北分公司	河北区	1914—1936 年

原名	现名	区县	年代
天津电话四局旧址	中国联通天津河北分公司	河北区	1914—1936 年
天津电业股份有限公司旧址	中国国电集团公司天津第一热电厂	河西区	1937—1949 年
天津广播电台战备台旧址	天津广播电台战备台旧址	蓟州区	1964—1978 年
天津利生体育用品厂旧址	天津南华利生体育用品有限公司	河北区	1914—1936 年
天津美亚汽车厂	天津美亚汽车厂	西青区	1950—1957 年
天津内燃机磁电机厂	辰赫创意产业园	河北区	
天津酿酒厂	天津酿酒厂	红桥区	1950—1957 年
天津石油化纤总厂化工分厂	中石化股份有限公司化工部	滨海新区	1964—1978 年
天津市公私合营示范机器厂	天津第一机床厂	河东区	1950—1957 年
天津市外贸地毯厂旧址	天津意库创意街	红桥区	1950—1957 年
天津手表厂	天津海鸥手表集团公司	南开区	1964—1978 年
天津铁路工程学校	天津铁道职业技术学院	河北区	1950—1957 年
天津拖拉机厂	天津拖拉机融创中心	南开区	1950—1957 年
天津涡轮机厂两栋红砖厂房	U—CLUB 上游开场	南开区	
天津西站主楼	天津西站主楼	红桥区	1895—1913 年
天津橡胶四厂	巷肆文创产业园	河北区	
天津新站旧址	天津北站	河北区	1895—1913 年
天津仪表厂	C92 创意工坊	南开区	1937—1949 年
天津造币总厂	户部造币总厂旧址	河北区	1895—1913 年
铁道部天津基地材料厂办公楼	中国铁路物资天津公司	河东区	1950—1957 年
铁道第三勘察设计院属机械厂	红星.18 创意产业园 A 区天明创意产业园	河北区	1950—1957 年
万国桥	解放桥	和平区	1895—1913 年
西河闸	西河闸	西青区	1958—1963 年
新港船闸	新港船闸	滨海新区	1937—1949 年
新港工程局机械修造厂	新港船厂	滨海新区	1914—1936 年
新河铁路材料厂遗址	老码头公园	滨海新区	1895—1913 年
兴亚钢业株式会社	天津市第一钢丝绳有限公司	滨海新区	1937—1949 年
亚细亚火油公司油库	天津京海石化运输有限公司	滨海新区	1914—1936 年
扬水站	扬水站	滨海新区	1964—1978 年
杨柳青火车站大厅	杨柳青火车站大厅	西青区	1895—1913 年
洋闸	洋闸	滨海新区	
英国太古洋行塘沽码头	天津港轮驳公司	滨海新区	1895—1913 年
英国怡和洋行码头	日本三井公司塘沽码头	滨海新区	1840—1894 年
英美烟草公司北方运销公司总部旧址	大王庄工商局	河东区	1914—1936 年

原名	现名	区县	年代
英美烟草公司公寓	英美烟草公司公寓	河东区	1914—1936 年
永和公司	新河船厂	滨海新区	1914—1936 年
永利碱厂	天津渤海化工集团天津碱厂	滨海新区	1914—1936 年
永利碱厂驻津办事处	永利碱厂驻津办事处	和平区	1914—1936 年
法国工部局	法国工部局	和平区	1914—1936 年
久大精盐公司大楼	乔治玛丽婚纱	和平区	1914—1936 年
开滦矿务局大楼	开滦矿务泰安道 5 号院局大楼	和平区	1914—1936 年
太古洋行大楼	天津市建筑材料供应公司	和平区	1914—1936 年
天津电报局大楼	中国联通赤峰道营业厅	和平区	1840—1894 年
天津印字馆	中糖二商烟酒连锁解放路店	和平区	1840—1894 年
怡和洋行大楼	威海商业银行	和平区	1840—1894 年
英商怡和洋行仓库	天津 6 号院创意产业园	和平区	1914—1936 年
招商局公寓楼	峰光大酒楼	和平区	1914—1936 年
争光扬水站	争光扬水站	静海区	1958—1963 年
制盐场第四十五组	制盐场第四十五组	滨海新区	1937—1949 年
子牙河船闸	子牙河船闸	西青区	1958—1963 年

第二节　天津工业遗产普查信息管理系统建构研究

天津工业遗产普查信息管理系统（简称"天津普查系统"）的建构是为了探索我国"普查信息管理系统"的技术路线，其数据库框架是基于"城市层级"标准，并结合普查的实际情况、研究的需要进行了一定的调整。笔者的设计中，该系统所使用的人群为管理者、普查成果评审专家、城市管理者、文化遗产管理者等专业性较强的人群。因此，为信息安全的考虑，天津普查系统只采用桌面客户端版的形式进行开发。基于主要用户，天津普查系统应在基本的空间信息浏览、查询、统计分析等功能模块下加入专家评审功能模块和普查成果的文件浏览功能模块（图 4-1）。

一、天津工业遗产普查 GIS 数据库建构

GIS 数据库是整个信息管理系统的核心。天津工业遗产普查 GIS 数据库的框架是依据"城市层级"的数据库标准建立的，并且本文中，为了更清晰地对分析成果进行展示，故该 GIS 数据库的底图要素样式，在我国行业标准的基础

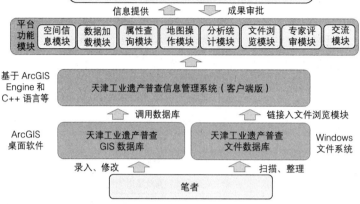

图 4-1　天津工业遗产普查信息管理系统技术路线图

上作出了一定调整。数据库采用的是 Geodababase 数据库技术，数据库的框架主要包括天津工业遗产要素和底图要素两大类。工业遗产要素包括工业遗产厂区面要素、建（构）筑物面要素、设备点要素；底图要素包括天津市域边界要素、天津区县边界要素、主要河流要素、主要铁路要素、城市道路要素等。工业遗产要素的来源为天津市工业遗产普查的成果，底图要素的来源为国家基础地理信息系统，具体情况如表 4-3 所示。

天津工业遗产普查 GIS 数据库框架　　　　　　　　　　表 4-3

要素集名称	要素分类	要素类型	属性表
工业遗产厂区要素集	工业遗产	点	名称、行业类型、保护等级、是否存在危险、年代、权属人、联系人方式、地址、GPS 点、现状描述、历史沿革、重要产品（生产流程）、占地面积、调查者等
	工业遗产厂区	线	名称、面积等
工业遗产建（构）筑物要素集	工业建（构）筑物遗产	面	编号、名称、位置、年代、功能、结构、面积、层高等
	普通工业建（构）筑物	面	名称、面积、层高等
—	设备遗产	点	编号、名称、位置、年代、功能、制造商、尺寸等
天津市底图要素	天津市域	面	名称、面积等
	天津区县边界	面	名称、面积等
	主要河流	面	名称、长度等
	主要铁路	线	名称、长度等
	城市道路	线	名称、长度等

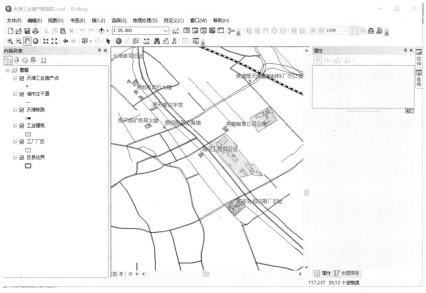

图 4-2　天津市工业遗产普查 GIS 数据库截图

基于 Arcgis10.2 软件建立"天津工业遗产普查 GIS 数据库",成果如图 4-2 所示。

二、天津工业遗产普查文件数据库建构

工业遗产普查中,普查表、测绘图、照片,以及录音、视频、相关参考文献等,都需要建立文件数据库来进行储存管理。本文中文件数据库采用 Windows10 操作系统下的文件夹管理系统来实现。通过多层级系统的文件夹来实现天津工业遗产普查文件的系统管理,并将文件夹的访问路径链接入"天津管理系统"的"文件浏览"模块。"天津工业遗产普查文件数据库"由"总文件夹"(包括各工业遗产点文件夹)、"各遗产点文件夹"(包括"普查表""测绘图""照片""其他文献资料"四个分文件夹),以及普查文件三个层级组成(图 4-3)。

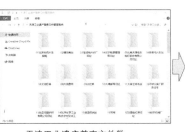

天津工业遗产普查文件数据库"总文件夹"

各工业遗产点文件夹包括:普查表、测绘图、照片、其他相关文献

普查文件

图 4-3　天津工业遗产普查文件管理系统的组织结构图

三、天津工业遗产普查信息管理系统建构

基于 GIS 数据库的地理信息管理系统的开发需要计算机专业的介入。采用了美国微软公司 Microsoft Visual Stuido 系统，该系统继承了 Visual Basic、C++ 等多种编程语言。为了地理信息、计算机编程等从业人员可以更好地完成地理信息系统的开发，ArcGIS 软件集成了自己的一套软件开发引擎：ArcGIS Engine。基于 ArcGIS Engine 和 C++ 语言可以开发出一套完备的 GIS 信息管理系统，从而使 GIS 数据库可以脱离 ArcGIS 软件本身进行调取和运行。笔者基于上述开发工具，通过自学编程知识，开发了"天津工业遗产普查管理系统"的桌面版客户端，现已经获得国家知识产权局颁发的软件著作权证书。

该系统可实现对天津市工业遗产普查成果的展示、查询、管理、统计分析、成果审批、文件查看等功能，与"全国工业遗产信息管理系统"相比，除了传统的空间信息、数据加载、属性查询等功能模块外，还增加了"专家评审""文件浏览"功能模块，具体情况如图 4-4~ 图 4-7 所示。

"天津工业遗产普查管理系统"中的统计功能包括天津各区县工业遗产数量统计、各行业统计、各年代，以及保护、再利用情况的统计分析与可视化（图 4-5）。

在专家评审的功能模块中，包括两个功能：一是对天津市工业遗产普查的工作成果进行审查，二是对拟加入《工业遗产保护名录》的工业遗产进行筛选（图 4-7）。

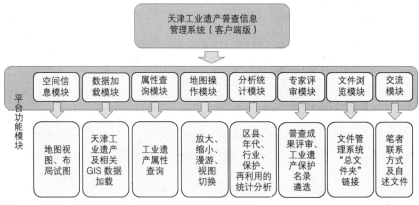

图 4-4　天津工业遗产普查信息管理系统所实现的功能模块

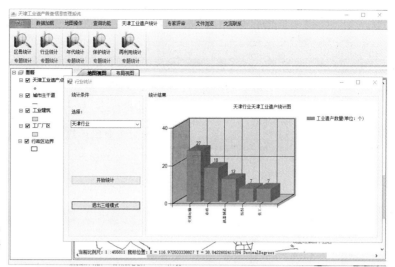

图4-5 天津工业遗产
普查信息管理系统的行
业统计功能

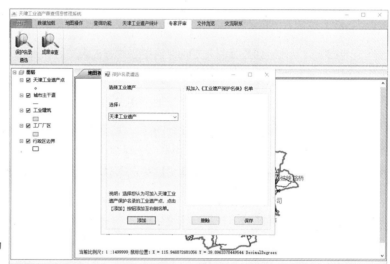

图4-6 工业遗产文物
保护单位的遴选功能

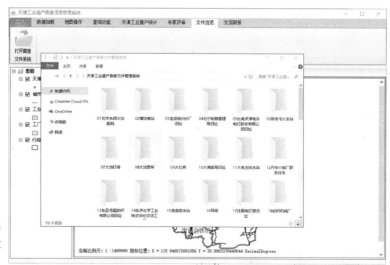

图4-7 天津工业遗产
普查信息管理系统的文
件浏览功能

第三节 基于 GIS 的天津工业遗产分析及廊道规划研究

由于对原料、运输、排污等方面的需求，工业厂区的分布与河流、铁路等具有较强的依附性。依据一定的交通干道进行天津工业遗产廊道规划的研究，有利于确定天津工业遗产的重要特殊价值和分布规律，制定合理的保护区域，有利于建构"工业遗产旅游通道"，开发天津市工业旅游线路。本文基于 GIS 技术，首先对天津工业遗产的年代、行业、保护与再利用的潜力等情况进行了可视化分析研究，然后以海河、京奉铁路和津浦铁路的天津段为廊道主干对天津市工业遗产廊道规划进行了探讨。

一、天津工业遗产总体分析研究

（一）天津工业遗产年代构成

天津在我国近代时期是我国北方工业的中心城市，天津的近代化工业发展始于 1860 年的开埠，根据我国近现代工业发展的历程与本研究，天津工业发展的阶段可分为七个阶段：① 1860—1894 年共 11 项；② 1895—1913 年 20 项；③ 1914—1936 年 26 项；④ 1937—1949 年 19 项；⑤ 1950—1957 年 9 项；⑥ 1958—1963 年 7 项；⑦ 1964—1978 年 10 项，另有 6 项始建年代存疑，不参加统计，结果如图 4-8 所示。通过分析结果，可以看出天津工业遗产最多的时期为 1914—1936 年时期，这也说明了当时是天津工业发展的高峰时期。对各年代工业遗产利用 GIS 技术进行核密度分析。

天津"1860—1894 年"工业遗产主要分布在市内六区和滨海新区的海河入海口处。典型的案例如：大红桥、大清邮局旧址（今天津邮政博物馆）、原天津电报局大楼、塘沽火车站、北洋水师大沽船坞等。

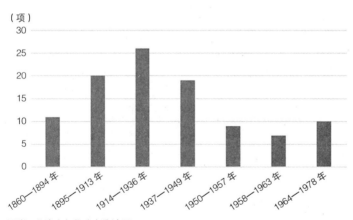

图 4-8 天津工业遗产年代分布统计图

天津"1895—1913 年"工业遗产主要分布在市内六区、滨海新区的海河入海口处以及静海区，在静海区境内主要沿津浦铁路分布。主要典型工业遗产为：天津西站主楼、天津北站、原万国桥（今解放桥）等。

天津"1914—1936 年"是工业遗产最多的时期，这时期工业遗产主要集中在市内六区，少量分布在海河入海口处。主要典型工业遗产为：黄海化学工业研究社、东亚毛呢纺织有限公司旧址等。

天津"1937—1949 年"的工业遗产主要分布在市内六区和滨海新区，主要典型的工业遗产案例有：新港船闸、天津纺织机械厂（今绿领文创产业园）、日本塘沽三菱油库旧址等。

天津"1950—1957 年"的工业遗产主要集中在市内的河东区、河北区、南开区和红桥区，主要典型工业遗产为：天津市外贸地毯厂旧址（今天津意库创意产业园）、天津拖拉机厂（今天津拖拉机融创中心）等。

天津"1958—1963 年"的工业遗产主要集中在西青区、静海区等，这时期工业遗产主要以构筑物类型为主。主要典型的工业遗产有：争光扬水站、子牙河船闸。这时期工业遗产主要以一些水利、船闸等工业设施为主，实业类型的工业遗产几乎没有。

天津"1964—1978 年"的工业遗产主要集中在西青区、蓟州区、河北区、静海区、滨海新区等，主要典型工业遗产为：港 5 井、大沽灯塔、天津涡轮机厂（今 U-CLUB 上游开场）、天津橡胶四厂（今巷肆文创产业园）等。

通过 GIS 核密度分析，对各时代天津工业遗产的空间分布情况分析可知，在中华人民共和国成立之前，天津市内六区和滨海新区海河入海口处是工业遗产重点分布的地区，其他地区在这时期工业遗产数量较少，有极明显的沿铁路线等交通线路进行分布的特征。中华人民共和国成立后至 1978 年，天津工业遗产的空间分布开始向市区周边的西青区、静海区、蓟州区等地扩展，滨海新区的工业遗产也不再仅局限于海河入海口处，说明中华人民共和国成立前后天津各时期工业发展布局的不同。

（二）天津工业遗产行业类型构成

利用 GIS 技术对天津市工业遗产的行业进行分析，天津的工业遗产共有行业类型 23 项，分别为交通运输类型 26 项、市政 18 项、纺织 9 项、化工 7 项、机器制造 7 项、通信 5 项，具体情况如表 4-4 所示。可以看出，天津工业遗产的主要类型为交通运输类、市政类、纺织类、化工类和机器制造类，这与天津近现代工业发展的主要方向具有极大的关系。首先，天津自古是北京的海上门户，海上运输本就发达；其次，洋务运动时期开始，李鸿章、袁世凯多次以天津为起始站建设铁路，先后建成了京奉铁路、津浦铁路等我国重要的铁路线，天津由此成为我国北方铁路交通的一个枢纽城市，在沟通南北、连接关内外具有重要的作用；然后，天津滨海新区（原塘沽地区）因离海较近，化工行业发展较早，如侯氏制碱法发明人、侯德榜所在的永利碱厂等。纺织工业作为我国近代时期重要的轻工业支柱，在天津所占的比重也很大，如天津国营棉纺三厂（现在的棉3创意街区）。对天津分布最多的交通运输类、市政类、纺织类、化工类和机器制造类利用GIS核密度分析进行研究。

天津市各行业类型工业遗产统计   表4-4

行业类型	频率	行业类型	频率	行业类型	频率
交通运输	26	仓储	3	建材	1
市政	18	船舶修造	3	金属加工	1
纺织	9	附属	3	金属冶炼	1
化工	7	军工	3	能源	1
机器制造	7	食品	3	汽车制造	1
通信	5	烟草	2	造币	1
轻工制造	4	印刷	2	制药	1
采矿	3	电器制造	1		

天津市交通运输类工业遗产核密度分析的结果显示，其主要集中在和平区、河北区、红桥区、河东区和滨海新区，因为这几个区是天津近现代发展的中心，也是海河、津浦铁路、京奉铁路经过的区域。典型案例有：塘沽南站、天津西站主楼、天津北站、万国桥（今解放桥）等。

天津市政设施类工业遗产主要分布在天津市市内六区，静海区、西青区、蓟州区、滨海新区。天津市内六区原为租界区，在这一区域的该类工业遗产主要为城市设施，如法国电灯房旧址、比商天津电车电灯股份有限公司旧址（今天津邮政博物馆）、济安自来水股份有限公司旧址等；静海区、西青区、蓟州区和滨海新区的市政设施以与农业灌溉、市民供水等有关的水利设施为主，如双旺扬水站、三岔口扬水站等。

天津化工类工业遗产主要集中在滨海新区的海河入海口处，这与取海水进行化学提炼有直接的关系。典型案例有：天津碱厂（已拆迁）、黄海化学工业研究社、日本大沽化工厂旧址等。

天津纺织类工业遗产主要分布在河东区、河西区、南开区、河北区等，这些区域是天津近代最先发展的区域，包括当时的租界和1900年之后袁世凯所兴建的"河北新区"。典型案例如：宝成裕大纱厂旧址（今天津棉三创意街区）、东亚毛呢纺织有限公司旧址、华新纺织股份有限公司旧址等。

天津机器制造类工业遗产主要分布在主城区的河北区、河东区、红桥区和南开区。典型案例有：天津拖拉机厂（今天津拖拉机融创中心）、天津纺织机械厂（今绿领产业园）等。天津在洋务运动时期就兴建了天津机器局（东局）、海光寺机器局（西局）等，天津机器制造业的开端在我国应是很早的，但这些重要的历史见证都没有留存下来，目前现存的机器制造类工业遗产都是中华人民共和国成立后创办的。

（三）天津工业遗产保护现状分析

天津市内的 108 项工业遗产中，受到保护的有 16 项，92 项不在我国或地方的保护体系当中。其中全国重点文物保护单位有 4 项，天津直辖市级文物保护单位 10 项，天津历史建筑 2 项（图 4-9）。

天津具有全国重点文物保护单位身份的工业遗产有北洋水师大沽船坞、黄海化学工业研究社、塘沽南站和天津西站主楼。前三者位于天津滨海新区的原塘沽区域内，天津西站主楼位于红桥区，在 2009 年为了新火车站的修建，将其迁至现"天津西站"东侧进行异地保护。

天津具有天津市级文物保护单位身份的工业遗产有唐官屯铁桥、陈官屯火车站、静海火车站、港 5 井、亚细亚火油公司油库、原招商局公寓楼、杨柳青火车站大厅、原法国工部局、海河防潮闸、大清邮局旧址。和平区、滨海新区、静海区分别拥有 3 项，西青区 1 项，其他区县没有分布（表 4-5）。

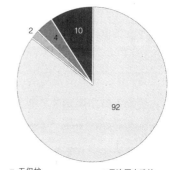

图 4-9　天津市工业遗产保护等级统计图（单位：项）

□ 无保护　　　　　　　▨ 天津历史建筑
■ 全国重点文物保护单位　■ 直辖市级文物保护单位

天津市级文物保护单位中的工业遗产　　　　　　　　　表 4-5

遗产名称	区县	行业类型	分布年代	保护等级
唐官屯铁桥	静海区	交通运输	1895—1913 年	天津市级文物保护单位
陈官屯火车站	静海区	交通运输	1895—1913 年	天津市级文物保护单位
静海火车站	静海区	交通运输	1895—1913 年	天津市级文物保护单位
港 5 井	滨海新区	采矿	1964—1978 年	天津市级文物保护单位
亚细亚火油公司油库	滨海新区	仓储	1914—1936 年	天津市级文物保护单位
原招商局公寓楼	和平区	附属	1914—1936 年	天津市级文物保护单位
杨柳青火车站大厅	西青区	交通运输	1895—1913 年	天津市级文物保护单位
原法国工部局	和平区	市政	1914—1936 年	天津市级文物保护单位
海河防潮闸	滨海新区	市政	1958—1963 年	天津市级文物保护单位
大清邮局旧址	和平区	通信	1840—1894 年	天津市级文物保护单位

具有天津历史建筑身份的工业遗产有原久大精盐公司大楼和比商天津电车电灯股份有限公司旧址。前者位于和平区，后者位于河北区，均位于天津市区内且都为办公楼性质的工业附属遗产，因此以"近代建筑"的身份受到保护。

天津工业遗产目前的保护现状较差，受保护的工业遗产数量极少，仅占到总数的14.8%；并且，目前在天津受到保护的工业遗产中，多以办公楼等工业附属遗产为主，对工业遗产厂区的保护较少。这些问题应在天津市工业遗产的相关部门、相关规划中引起重视。

（四）天津工业遗产再利用现状及潜力研究

除却保护之外，如何合理再利用是天津工业遗产廊道体规划的一个重要课题。笔者将天津工业遗产点的具体资源类型，根据其物质组成类型的差异分为工业遗产厂区类型、建筑物类型、构筑物类型三大类。这三大类工业遗产资源类型在再利用模式方面具有极大的差异性（图4-10）。

厂区类型指的是该工业遗产以工业厂区的形式存在，厂区内一般包括工业遗产环境、工业建（构）筑物遗产以及工业设备遗产等，该类型工业遗产的占地面积较大，一般可达几公顷，甚至上百公顷，所包含的遗产也丰富，具有更高的文物价值，也具有更高的再利用价值和可能性。

建筑物类型指的是该工业遗产以建筑物的形式存在，建筑物遗产中一般包括该文物建筑和其内的工业设备等可移动文物。该类型工业遗产的占地面积一般在几百平方米到几千平方米，文物价值不一定低于厂区类型的工业遗产，但由于其所占据物质空间更小，因此在再利用方面则具有更低的可能性。

构筑物类型指的是该工业遗产点以构筑物的形式存在，一般包括铁路、桥梁、码头、水塔、烟囱等。该类型工业遗产包括线性的铁路和占地面积较小的水塔、烟囱等构筑物，前者由于占地面积过于狭长且使用功能的局限性，再利用的方式较为局限（如工业旅游火车线路等），后者则由于面积、结构等问题，再利用的可能性较厂区类型和建筑物类型也变得更小。

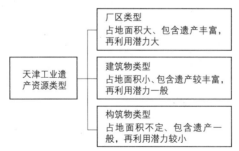

图4-10　天津工业遗产资源类型图

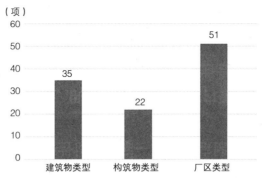

图 4-11　天津工业遗产资源类型统计图

　　"天津工业遗产普查 GIS 数据库"中，截至 2018 年 6 月，共收录工业遗产 108 项，依据厂区类型、建筑物类型和构筑物类型进行统计，结果如图 4-11 所示。下面将分别对厂区类型、建筑物类型和构筑物类型进行详细研究。

　　1. 厂区类型

　　厂区类型的工业遗产改造再利用的潜力巨大，通常可以改造为艺术区、文创产业园区、创意办公区、城市景观或与城市开发结合的项目等。天津工业遗产中，厂区类型工业遗产共有 51 项，具体案例的统计如表 4-6 所示。其中，已经再利用的项目有 12 项，12 项中，1 项房地产项目、1 项城市景观，其余 10 项为文创产业园。未再利用的为 39 项，可见天津厂区类型的再利用潜力巨大。

天津厂区类型工业遗产统计表　　　　　　　表 4-6

工业遗产原名称	工业遗产现名称	再利用类型	所在区县	占地面积（hm²）
北洋水师大沽船坞	天津市船厂	无	滨海新区	22
大沽息所	英国大沽代水公司旧址	无	滨海新区	4.3
东洋化学工业株式会社汉沽工厂	天津化工厂	无	滨海新区	176
日本塘沽三菱油库旧址	中国人民解放军某部驻地	无	滨海新区	0.6
日本大沽化工厂旧址	大沽化工厂	无	滨海新区	2.8
塘沽火车站	塘沽南站	无	滨海新区	2.9
天津石油化纤总厂化工分厂	中石化股份有限公司化工部	无	滨海新区	0.3
新港工程局机械修造厂	新港船厂	无	滨海新区	50.8
新河铁路材料厂遗址	老码头公园	城市景观	滨海新区	未知
兴亚钢业株式会社	天津市第一钢丝绳有限公司	无	滨海新区	5
亚细亚火油公司油库	天津京海石化运输有限公司	无	滨海新区	11
永和公司	新河船厂	无	滨海新区	0.6

工业遗产原名称	工业遗产现名称	再利用类型	所在区县	占地面积（hm²）
制盐场第四十五组	制盐场第四十五组	无	滨海新区	26.5
东亚毛呢纺织有限公司旧址	东亚毛纺厂	无	和平区	2.6
原英商怡和洋行仓库	天津6号院创意产业园	文创园	和平区	0.6
纺织机械厂	绿领产业园	文创园	河北区	12.1
国营天津无线电厂旧址	国营天津无线电厂旧址	无	河北区	8.4
华新纺织股份有限公司旧址	华新纺织股份有限公司旧址	无	河北区	0.1
华新纱厂工事房旧址	天津印染厂	无	河北区	11.9
甲装铁工所	天津动力机厂	无	河北区	14.3
交通部材料储运总处天津储运处旧址	铁路职工宿舍	无	河北区	0.2
津浦路西沽机厂旧址	艺华轮创意工场	文创园	河北区	48
三五二六厂旧址	天津三五二六厂创意产业园	文创园	河北区	3.6
天津利生体育用品厂旧址	天津南华利生体育用品有限公司	无	河北区	0.2
天津内燃磁电机厂	辰赫创意产业园	文创园	河北区	0.7
天津铁路工程学校	天津铁道职业技术学院	无	河北区	13
天津造币总厂	户部造币总厂旧址	无	河北区	1.2
铁道第三勘察设计院属机械厂	红星.18创意产业园A区天明创意产业园	文创园	河北区	1.1
天津橡胶四厂	巷肆文创产业园	文创园	河北区	1
宝成裕大纱厂旧址	天津棉三创意街区	文创园	河东区	10.8
国民政府联合勤务总司令部天津被服总厂第十分厂	天津针织厂	无	河东区	8
天津市公私合营示范机器厂	天津第一机床厂	无	河东区	23.8
海河工程局旧址	天津航道局有限公司	无	河西区	0.4
日本协和印刷厂旧址	天津环球磁卡股份有限公司	无	河西区	4.1
天津玻璃厂	万科水晶城天波项目运动中心	房地产	河西区	50
天津电业股份有限公司旧址	中国国电集团公司天津第一热电厂	无	河西区	20.5
天津酿酒厂	天津酿酒厂	无	红桥区	10.1
天津市外贸地毯厂旧址	天津意库创意街	文创园	红桥区	3
沟河北采石场	沟河北采石场	无	蓟州区	0.5
前甘涧兵工厂旧址	前甘涧兵工厂旧址	无	蓟州区	1.4
天津广播电台战备台旧址	天津广播电台战备台旧址	无	蓟州区	0.3
陈官屯火车站	陈官屯火车站	无	静海区	0.3
静海火车站	静海火车站	无	静海区	0.2
唐屯火车站	唐屯火车站	无	静海区	1

工业遗产原名称	工业遗产现名称	再利用类型	所在区县	占地面积（hm²）
宁家大院（三五二二厂）	宁家大院（三五二二厂）	无	南开区	0.8
天津手表厂	天津海鸥手表集团公司	无	南开区	5.3
天津拖拉机厂	天津拖拉机融创中心	房地产	南开区	92
天津仪表厂	C92创意工坊	文创园	南开区	4.7
合线厂旧址	合线厂旧址	无	西青区	未知
天津美亚汽车厂	天津美亚汽车厂	无	西青区	164.8

工业遗产的改造再利用与所处地区的经济发展、人口数量具有直接关系，因此，在天津市范围内，工业遗产改造再利用潜力较大的区域为市内六区和滨海新区的工业遗产。

通过GIS核密度分析可知，对厂区类型工业遗产分布情况进行分析。天津厂区类型的工业遗产主要集中在市内六区，其次是在滨海新区的海河入海口区域，其他区域分布较少。这一结果与天津的近现代城市发展密切相关。对天津市内和平区、南开区、河西区、河东区、河北区、红桥区、滨海新区的厂区类工业遗产数量、已被再利用数量和占地面积进行统计，结果如表4-7所示。

天津各区县厂区类型工业遗产统计　　　　　　　　　　　表4-7

区县名称	厂区类型工业遗产数量（项）	已改造（项）	已改造面积（hm²）	未改造（项）	未改造面积（hm²）
河东区	2	1	10.8	1	31.8
和平区	2	1	0.6	1	2.6
南开区	4	2	92	2	6.1
河北区	15	6	66.5	9	49.3
河西区	4	1	60	3	25
红桥区	2	1	3	1	10.1
滨海新区	14	1	未知	13	304.7
蓟州区	3	0	0	3	2.2
静海区	3	0	0	3	1.5
西青区	2	0	0	2	164.8

从表4-8显示可知，厂区类型工业遗产数量的多少排序是河北区15项，滨海新区14项，南开区和河西区4项，蓟州区和静海区3项，和平区、河东区、西青区2项。以再利用的工业遗产根据数量排序，河北区6项，南开区2项，河东区、和平区、河西区、红桥区、滨海新区1项；已改造的厂区面积最

大的是南开区 92hm²、河北区 66.5hm²、河西区 60hm²、河东区 10.8hm²、红桥区 3hm²、和平区 0.6hm²，滨海新区因是水下码头遗址，面积暂不可考。而暂未再利用的厂区面积，滨海新区有 304.7hm²、西青区 164.8hm²、河北区 49.3hm²、河东区 31.8hm²、河西区 25hm²、红桥区 10.1hm²、南开区 6.1hm²、和平区 2.6hm²、蓟州区 2.2hm²、静海区 1.5hm²。对再利用项目的性质进行统计，主要为文创园，共有 8 项，其余是房地产和城市景观，各一项。

针对天津厂区类型工业遗产，主要分布在市内六区和海河下游的滨海新区，尤其集中在滨海新区的海河入海口处和河北区。而天津已经再利用的厂区，主要集中在市内六区，且利用的形式以文化创意产业园为主。对还没有进行再利用的厂区类型工业遗产进行统计，可以发现厂区类型工业遗产再利用潜力最大的区域集中在天津的滨海新区，其次是河北区和河东区，和平区、河西区和红桥区的厂区土地储量较少。

2. 建筑物类型

建筑物类型的工业遗产，具有一定再利用的可能性。再利用的方式主要以建筑功能的置换体现，例如更改为办公建筑、商业建筑等。天津共有建筑类工业遗产 35 项。案例的具体情况如表 4-8 所示。

天津建筑物类型工业遗产统计表　　　　表 4-8

工业遗产原名称	工业遗产现名称	再利用类型	所在区县	建筑面积（m²）
扬水站	扬水站	无	滨海新区	1000
黄海化学工业研究社	黄海化学工业研究社旧址	无	滨海新区	1250
法国电灯房旧址	法国电灯房旧址	无	和平区	5160
原法国工部局	留悦胶囊酒店	酒店	和平区	4300
原怡和洋行大楼	威海商业银行	银行	和平区	1400
大清邮局旧址	天津邮政博物馆	博物馆	和平区	1500
济安自来水股份有限公司旧址	金海岸婚纱	商业	和平区	600
盛锡福帽庄旧址	盛锡福帽庄旧址	无	和平区	1800
永利碱厂驻津办事处	永利碱厂驻津办事处	无	和平区	1200
原久大精盐公司大楼	乔治玛丽婚纱	商业	和平区	1200
原开滦矿务局大楼	原开滦矿务泰安道 5 号院局大楼	无	和平区	9200
原太古洋行大楼	天津市建筑材料供应公司	办公	和平区	820
原天津电报局大楼	中国联通赤峰道营业厅	商业	和平区	9800
原天津印字馆	中糖二商烟酒连锁解放路店	商业	和平区	3000
原招商局公寓楼	峰光大酒楼	酒店	和平区	4700

工业遗产原名称	工业遗产现名称	再利用类型	所在区县	建筑面积（m²）
北宁铁路管理局旧址	天津铁路分局	无	河北区	1400
比商天津电车电灯股份有限公司旧址	天津电力科技博物馆	博物馆	河北区	4800
天津达仁堂制药厂旧址	达仁堂药店	无	河北区	16000
天津电话六局旧址	中国联合网络通信有限公司天津市河北分公司	商业	河北区	8000
天津电话四局旧址	中国联通天津河北分公司	商业	河北区	2000
天津新站旧址	天津北站	无	河北区	1400
英美烟草公司北方运销公司总部旧址	大王庄工商局	办公	河东区	1700
英美烟草公司公寓	英美烟草公司公寓	无	河东区	4300
铁道部天津基地材料厂办公楼	中国铁路物资天津公司	无	河东区	3000
北洋工房	厂史展览室	展览馆	河西区	84
丹华火柴厂职员住宅	丹华火柴厂职员住宅	无	红桥区	2000
天津西站主楼	天津西站主楼	无	红桥区	1400
大朱庄排水站	大朱庄排水站	无	蓟州区	1200
三岔口扬水站	三岔口扬水站	无	蓟州区	30000
独流给水站	独流给水站	无	静海区	500
唐官屯给水站	唐官屯给水站	无	静海区	500
争光扬水站	争光扬水站	无	静海区	25
双旺扬水站	双旺扬水站	无	静海区	110
天津涡轮机厂两栋红砖厂房	U-CLUB上游开场	文创园	南开区	3000
杨柳青火车站大厅	杨柳青火车站大厅	无	西青区	2500

　　天津市建筑物类型的工业遗产主要集中在市内六区。其他地区分布极少，对全天津各区县建筑类工业遗产的数量、改造再利用数量进行统计，如图4-12所示。建筑类型工业遗产数量最多的是和平区有13项，河北区6项，静海区4项，河东区3区，滨海新区、红桥区、蓟州区2项，南开区、河西区、西青区1项；已改造的建筑中，和平区占到9项，河北区有3项，南开区1项，其他区县没有。在被改造的建筑遗产中，公司办公等商业用途占到6项，酒店和博物馆2项，银行和展览馆1项。而对于未改造的建筑遗产的面积，蓟州区为31200m²，河北区18800m²，和平区17360m²，河东区9000m²，红桥区3400m²，西青区2500m²，滨海新区2400m²，静海区1135m²，河西区84m²，如图4-13所示。

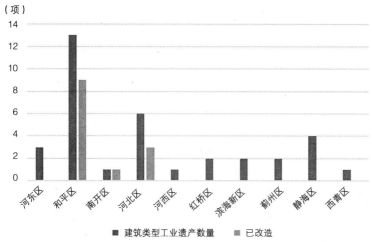

图 4-12　天津市建筑类型工业遗产数量统计

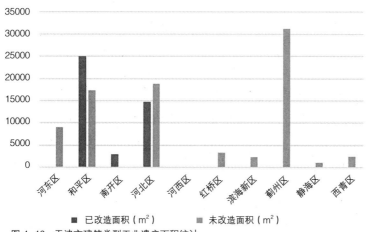

图 4-13　天津市建筑类型工业遗产面积统计

综上所述，天津市建筑类型工业遗产在数量、改造再利用案例方面都集中在和平区和河北区，并且上述两区在未来的改造再利用中也有较大的潜力。

3. 构筑物类型

构筑物类型工业遗产主要包括交通设施、水利设施、水塔、烟囱等。该类工业遗产的再利用潜力较低，一般可以城市景观、工业遗产旅游线路等形式进行。天津的构筑物类型工业遗产共有 21 项，其中包括码头 7 项、公路桥 2 项、铁路桥 2 项、水闸 6 项、船闸 2 项、油井 1 项、灯塔 1 项，如表 4-9 所示。

天津市构筑物类工业遗产主要集中在滨海新区，有 13 项，占到了总数的 62%。其他区县的该类型工业遗产较少。并且，天津的构筑物类型工业遗产并没有再利用的案例。而保持其现有的功能，将其作为海河沿线的工业遗产"活景观"，也不失为一种保持其活性的方式。

工业遗产原名称	工业遗产现名称	再利用类型	所在区县	功能
港 5 井	港 5 井	无	滨海新区	油井
汉沽铁路桥	汉沽铁路桥旧址	无	滨海新区	铁路桥
唐官屯铁桥	唐官屯铁桥	无	静海区	铁路桥
海河防潮闸	海河防潮闸	无	滨海新区	水闸
洋闸	洋闸	无	滨海新区	水闸
耳闸	耳闸	无	河北区	水闸
城关扬水站闸	城关扬水站闸	无	静海区	水闸
十一堡扬水站闸	十一堡扬水站闸	无	静海区	水闸
西河闸	西河闸	无	西青区	水闸
万国桥	原万国桥	无	和平区	桥梁
金刚桥	金刚桥	无	河北区	桥梁
久大精盐公司码头	天津碱厂原料码头	无	滨海新区	码头
开滦矿务局塘沽码头	开滦矿务局码头	无	滨海新区	码头
启新洋灰公司塘沽码头	永泰码头	无	滨海新区	码头
水线渡口	水线渡口	无	滨海新区	码头
英国太古洋行塘沽码头	天津港轮驳公司	无	滨海新区	码头
英国怡和洋行码头	日本三井公司塘沽码头	无	滨海新区	码头
日本大沽坨地码头旧址	日本大沽坨地码头旧址	无	滨海新区	码头
大沽灯塔	大沽灯塔	无	滨海新区	灯塔
新港船闸	新港船闸	无	滨海新区	船闸
子牙河船闸	子牙河船闸	无	西青区	船闸

综上所述，对于天津工业遗产的再利用潜力巨大，尤其是河北区与滨海新区的厂区类型的工业遗产储量很大，具有巨大的再利用价值。而建筑类工业遗产由于目前再利用程度较高，保持现状是一种较好的选择。构筑物类型的遗产主要分布在滨海新区的海河沿线，可作为以海河为主线的天津工业遗产旅游线路中重要的工业遗产"活景观"。

二、天津工业遗产廊道规划研究

遗产廊道（Heritage Corridors）理论起源于 20 世纪 80 年代的美国，是遗产区域和绿道体系（Greenway）的延伸，它是指"拥有特殊文化资源集合的线性景观。通常带有明显的经济中心、蓬勃发展的旅游、老建筑的适应性再利用、娱乐及环境改善"（Searns，1995）。总的来说，遗产廊道是集遗产保护、生态保护、休闲游憩、经济开发于一体的综合体系。

北京大学俞孔坚教授2003年对遗产廊道的主要特征进行了总结，主要包括：线性景观、尺度灵活性、整体性、综合性、自然系统重要性和经济重要性[95]。对天津工业遗产进行"廊道式"规划有利于工业遗产群体性的保护，有利于整个工业遗产旅游线路规划的开展。

（一）天津是否存在工业遗产廊道的判定

　　要进行天津工业遗产廊道规划，首先需要科学地判断天津的工业遗产空间分布是否具有廊道的分布特征。

1.天津市近现代主要交通线路选定

　　海河为天津的母亲河，自西向东横贯天津市，主要流经天津市中心区、东丽区和滨海新区，是天津连接内陆和渤海的重要水运线路。1860年，天津开埠，沦为"九国租界"，各国租界均设在海河沿岸（大致为今天津市中心河东、河西、河北、和平4区交界范围）。以市中心三岔河口为节点（图4-14-a），海河主航道被分为上游和下游两部分，上游包括南运河、北运河、子牙河与新开河，下游为上述河流汇聚成的海河干流。京奉铁路始建于1881年，是我国最早的自主修建铁路。连接了北京和山海关，途经天津、唐山、秦皇岛等几个城市，最早建设为唐胥铁路路段，随后不断向南北延伸，1888年修至天津，1898年至奉天（今沈阳），1901年至北京，是我国连接关内外地区的重要干线。京奉铁路由滨海新区北端进入天津境内，在海河右岸向西朝北京方向延伸，主要途经河北、河东、东丽和滨海新区等。津浦铁路始建于1908年，连接天津和南

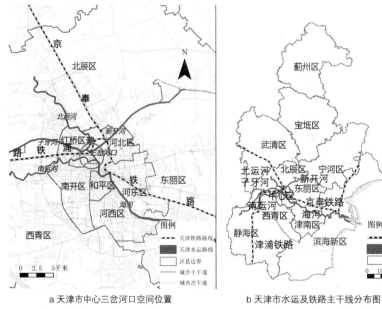

a 天津市中心三岔河口空间位置　　　　b 天津市水运及铁路主干线分布图

图4-14　天津市水运及铁路主干线分布示意图

京浦口，途经河北、山东、安徽、江苏，是我国近代重要的南北干线。津浦铁路在天津境内由天津北站与京奉铁路相交，然后向南延伸，途经河北、红桥、静海区（图4-14-b）。

2. 廊道判定宽度的确定

根据国内外案例分析得出"廊道判定宽度"，然后将判定宽度范围内的工业遗产数量进行统计，从而对天津市是否存在工业遗产廊道进行判定。不同的遗产廊道实例差异性较大，因此廊道宽度的确定并未有权威标准。美国Ohio & Eric 运河遗产廊道宽度为2~15km，Wabash River 遗产廊道的宽度为0.8~3.2km，京杭大运河天津段的廊道宽度为3~5km[96]。由此可见，不同遗产廊道的宽度存在一定差异，同一廊道的宽度由于遗产分布等原因不同，区间的宽度也存在差异。综上所述，根据以往研究经验，本研究中，规定廊道判定宽度为4km，单侧为2km。

3. 天津市廊道存在性的判定

利用 Arcgis10.2 软件的缓冲区工具建立海河、京奉铁路和津浦铁路的廊道判定宽度，对相交重叠区域进行融合处理。利用空间连接工具对判定宽度内的工业遗产点数量进行统计，判定宽度范围内工业遗产数量达到93项，占到天津市工业遗产总数的86.11%，所占比例极大。综上所述，天津市存在着以海河、京奉铁路和津浦铁路为主干的工业遗产廊道。

进一步利用 GIS 技术对各工业遗产点到廊道主干的距离进行统计，与廊道主干的距离在0.5km之内的工业遗产有63项，占总数58.3%，与廊道主干距离在1km之内的工业遗产有83项，占总数76.9%，距离在4km之内的有97项，占总数89.8%。由此证明，天津工业遗产越靠近海河、京奉铁路和津浦铁路就越密集，天津近现代工业遗产的空间布局对交通线路具有较强的依附性（图4-15）。

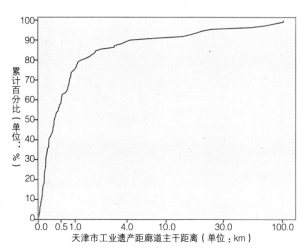

图4-15 天津市廊道主干不同距离内工业遗产累计百分比

（二）天津工业遗产廊道规划聚集区的确定

天津市工业遗产廊道的特性得到验证之后，廊道规划中的工业遗产聚集区是研究的另一个重点。聚集区的确定是根据工业遗产聚集度的计算实现的。本研究中，工业遗产聚集度的定义为，在城市范围内按照 1000m×1000m 的面积将城市划分为若干基本单元格，然后依据每个单元格内的工业遗产点进行计算，公式如下：

$$S_n = \frac{T_n}{A}$$

S_n 为第 n 个单元格中的工业遗产聚集度；

T_n 为第 n 个单元格中工业遗产的数量；

A 为基本单元格面积，本研究中为 $1km^2$。

根据上述公式进行计算，确定各基本单元格的"工业遗产聚集度"，再对基本单元格几何中心点的经纬度坐标进行计算，确定每个单元格的地理位置。从而确定天津市工业遗产主要的空间聚集区域及分布形态。

按照 1000m×1000m 的面积对天津市域范围进行划分，所得 12423 个基本单元格。依据公式对单元格的工业遗产聚集度进行计算，其中具有聚集度计算结果的有 76 处，主要分布在天津市中心区及滨海新区（图 4-16）。其中最高值为 6，聚集度数值在 3 及以上的单元格有 6 个，具体位置及包含工业遗产数目等信息如表 4-10 所示。

天津市重要单元格名单　　　　　　　　　　表 4-10

单元格编号	工业遗产聚集度	单元格中心经纬度	具体位置	单元格内工业遗产
1	6	117.20129, 39.12292	和平区原法国租界内，现在赤峰道、中心花园附近片区	盛锡福毛庄旧址，原天津电报局大楼，永利碱厂办事处，原久大精盐办公大楼，济安自来水股份有限公司旧址，法国电灯房旧址
2	6	117.21279, 39.12230	和平区原英国租界内，现在大沽北路、解放北园附近片区	原英商怡和洋行仓库，原怡和洋行大楼，原太古洋行大楼，原天津印字馆，原开滦矿务局大楼，原招商局公寓楼
3	4	117.20208, 39.13188	和平区与河北区交界处，原法国、意大利租界交界处，现海河大沽桥附近片区	天津电话四局旧址，比商天津电车电灯股份有限公司旧址，原万国桥，原法国工部局
4	4	117.21595, 39.15814	河北区中山路中山公园附近片区	天津电话六局旧址，天津达仁堂制药厂旧址，天津造币总厂，天津内燃机磁电机厂
5	3	117.20444, 39.15875	河北区万柳村大街与金钟河大街交叉口附近片区	华新纱厂工事房旧址，纺织机械厂旧址，国营天津无线电厂旧址
6	3	117.67637, 39.01558	滨海新区海河入海口沿岸附近片区	新河铁路材料厂旧址，黄海化学工业研究社，久大精盐公司码头

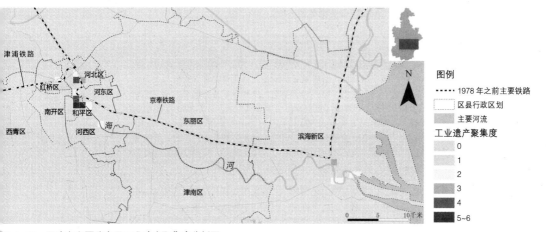

图 4-16　天津市主要分布区工业遗产聚集度分析图

天津市中心区工业遗产主要分布区域　　　　　天津市滨海新区工业遗产主要分布区域

图 4-17　天津市工业遗产主要分布区域图

　　根据工业遗产聚集度分级结果，以表 4-11 内的 6 个聚集度较高的单元格为核心，天津市主要有三大工业遗产聚集区：天津市中心工业遗产聚集区，三岔河口工业遗产聚集区，海河入海口工业遗产聚集区。这三个聚集区均位于海河沿岸（图 4-17、表 4-11）。

1. 天津市中心工业遗产聚集区

　　位于天津市中心的和平区、河东区和河北区三区交界处，横跨海河两岸。1860 年天津开埠后，此区域曾属于英、法、意、俄等国租界范围，是天津市最早进入近代化的区域。该聚集区内共有工业遗产 25 项，主要集中在解放北路、赤峰道及海河沿线，其内部工业遗产特点有三：一是就工业遗产类型而言，多为企业大楼、公寓等附属性工业遗产，生产性工业遗产较少。二是就企业创办者而言，外资、清末官办及官督商办企业占绝大多数。三是就保护再利用而言，地处天津历史风貌区，整体保护情况较好，再利用模式大部分仍是办公建筑，

聚集区名称	包含工业遗产
天津市中心工业遗产聚集区	大清邮局旧址,盛锡福帽庄旧址,原久大精盐办公大楼,永利碱厂驻津办事处,济安自来水股份有限公司旧址,法国电灯房旧址,原英商怡和洋行仓库,原怡和洋行大楼,原太古洋行大楼,原天津印字馆,原开滦矿务局大楼,原招商局公寓楼,原万国桥,比商天津电车电灯股份有限公司旧址,天津电话四局旧址,原法租界工部局,英美烟草公司北方经销公司总部旧址,英美烟草公司公寓,海河工程局旧址,天津电业股份有限公司旧址,日本协和印刷厂旧址,铁道部天津基地材料厂办公楼,国民政府天津被服总厂第十分厂,华新纺织股份有限公司旧址,交通部材料储运处天津储运处旧址,共计25项
三岔河口工业遗产聚集区	天津内燃机磁电机厂,天津电话六局旧址,天津达仁堂制药厂旧址,天津造币总厂,国营天津无线电厂旧址,纺织机械厂旧址,华新纱厂工事房旧址,天津新站旧址,北宁铁路管理局旧址,天津铁路工程学校,铁道第三勘察设计院属机械厂,大红桥,金刚桥,天津西站主楼,天津橡胶四厂旧址,天津外贸地毯厂旧址,天津涡轮机场厂房,新开河耳闸,共计18项
海河入海口工业遗产聚集区	北洋水师大沽船坞遗址,塘沽火车站(南站),黄海化学工业研究社,新河铁路材料厂遗址,久大精盐公司码头,日本大沽坨地码头旧址,日本大沽化工厂旧址,开滦矿务局塘沽码头,日本塘沽三菱油库旧址,水线渡口旧址,亚细亚火油公司油库,英国怡和洋行码头,英国大沽代水公司旧址,新港工程局机械修造厂,新港船闸,海河防潮闸,共计16项

少数再利用为博物馆,仅原英商怡和洋行仓库一处被再利用为6号院文创产业园。其中较为重要的有:大清邮局旧址,原天津招商局公寓楼,原久大精盐办公大楼,比商天津电车电灯股份有限公司旧址,济安自来水股份有限公司旧址,解放桥等。中心聚集区内的建筑类工业遗产较多,且周边为天津五大道、意风区等历史保护区,因此,该区域可在不改变现状的情况下进行保护。

天津市大清邮局由李鸿章创办于1878年,原名"天津海关书信馆",是我国最早的邮政机构,同年7月发行了我国最早的邮票——大龙邮票。大清邮局旧址位于和平区解放北路111号,现为天津市级文物保护单位,2010年,改造为天津邮政博物馆向游客开放(图4-18-a)。

天津招商局公寓楼始建于1920年,原是天津轮船招商局的职工宿舍,现为天津市级文物保护单位。轮船招商局由李鸿章、朱其昂创办于1872年,是清末第一家官督商办的企业,我国第一家实行股份制的民用企业。总局设在上海,在天津、烟台、广州、福州等地设立分局,主要组建船队,开辟和运营我国水上航运贸易。

比商天津电车电灯股份有限公司,由比利时商人始建于1904年,在天津建立并运营了中国第一条有轨电车公交线路。旧址位于河北区进步道29号,现为天津电力科技博物馆、天津历史风貌建筑。(图4-18-b)

解放桥原名万国桥,是一座钢结构的可开启桥梁,于1902年由法租界工部局负责修建，横跨海河，连同当时北岸的老龙头火车站（现天津站）与南岸的英、法、日等租界。1949年天津解放后更名为解放桥（图4-18-c）。

久大精盐公司是我国第一个大批量生产精盐的工厂，1914年由范旭东在天津创立，1970年久大公司与永利公司合并，更名为天津碱厂。2017年2月，碱厂最后的两处烟囱被拆除，标志着厂区的整体拆除搬迁完成。办公大楼位于天津和平区赤峰道63号，现为天津历史风貌建筑。

原英商怡和洋行仓库始建于1921年，原为英国怡和洋行天津分行仓库，现位于和平区台儿庄路6号。2000年被改造为6号院文化创意产业园，是天津第一家文创园。

2.三岔河口工业遗产聚集区

位于河北区与红桥区，海河上游的三岔河口区域，主要集中在三岔河口以东的河北区境内。三岔河口为海河上游的子牙河、南运河、北运河的三河交汇处，1860年之前，这里是天津主要的码头、货运集散地，后因帝国列强在下游开辟租界，兴建码头而衰落。1901年，袁世凯接任直隶总督后，为振兴中国城区，与租界对抗，开始在三岔河口以东、新开河以南、海河以北的区域建立"河北新区"。1902年，周学熙创办北洋银元局后更名为天津造币总厂，1903年建成天津新站（今天津北站），随后又创办了直隶工艺总局、北洋劝业铁工厂、直隶模范纺纱厂等一系列实业。自此，河北区至红桥区三条石大街沿线逐渐发展为主要的工业区之一。该聚集区内有工业遗产18项，主要集中在天津北站附近，及中山路沿线片区。聚集区内工业遗产特点有三：一是均为中国人创办，不存在外资企业。二是就行业类型而言，纺织业、机械制造业、铁路、桥梁类工业遗产居多。三是就保护再利用而言，将工业遗产再利用为文创产业园的实例很多，如天津橡胶四厂改造为巷肆文创产业园，天津纺织机械厂改造为1946创意产业园区，外贸地毯厂改造为天津意库创意产业园等，天津三五二六厂改造为3526创意工场等。三岔河口聚集区的厂区类型工业遗产很多，改造后的创意街区已形成一定的规模，可在此基础上加大改造再利用力度，打造"天津创意产业聚集区"。

天津造币总厂旧址现位于河北区中山路137号，原名户部银钱总厂，是当时清政府在全国的9所造币厂之首，由北洋政府实业家周学熙创办于1905年。由于2015年1月曾发生大火，目前被用于沿街商业，保存状况较差（图4-18-d）。

天津意库创意产业园位于红桥区湘潭道11号，原为天津外贸地毯厂，始建于1957年。2007年被改造为文创园，园区在保留老工厂记忆和老厂房结构的基础上，对建筑和园区环境进行了艺术化处理。2012年9月，意库创意产业园被国家科学技术部认定为"国家级科技企业孵化器"，主要引进创意设计类的企业入驻。

1946 创意产业园位于河北区万柳村大街 56 号，原为天津纺织机械厂，始建于 1946 年。2010 年再利用为文创园，业态较为综合，包括商业、餐饮、金融、旅游休闲等（图 4-18-e）。

巷肆文创产业园位于河北区四马路 158 号，原为天津橡胶四厂，始建于 1960 年。2012 年再利用为文创园，再利用设计上保持原有厂房风格和结构，使用外廊进行交通串联。主要有"问津书院""中意设计创新中心"等文化设计类企业入驻。

3. 海河入海口工业遗产聚集区

位于天津市滨海新区海河入海口处，共包含 16 项工业遗产，主要分布在海河沿线两岸区域。该聚集区内工业遗产的主要行业类型为航运，包括码头、船坞、造船厂等，其次为仓储和化工类遗产。最为重要的有 3 处全国重点文物保护单位：北洋水师大沽船坞遗址，塘沽火车站（南站），黄海化学工业研究社。海河入海口处的构筑物类型工业遗产较多，由于处于入海口处，可作为整个天津工业遗产海河旅游线路的重要节点，而周边的构筑物类工业遗产可作为"活景观"，既可观赏也可为游客乘坐的游艇、客轮等提供后勤服务。

北洋水师大沽船坞是清末北洋水师重要的后勤补给中心，由李鸿章创办于 1880 年，现位于滨海新区大沽坞路 27 号的天津市船厂内。大沽船坞是在福建马尾船政，上海江南造船厂之后我国第三个、北方第一个近代船厂。它见证了我国近代工业化的艰辛历程，是当时我国北方重要的修船造船厂和重要的军火制造厂。目前保留下来的地上遗存有甲坞和轮机车间，地下遗址部分已知的有海神庙遗址（图 4-18-f）。

塘沽火车站（南站）始建于 1888 年 4 月，为唐胥铁路延长线的重要节点之一。唐胥铁路由当时的开平矿务局负责修建，始建于 1881 年，是我国第一

a 天津邮政博物馆　　　b 天津电力科技博物馆　　　c 解放桥　　　d 天津造币总厂旧址

e 1946 创意产业园　　　f 北洋水师大沽船坞遗址　　　g 塘沽火车站　　　h 黄海化学工业研究社

图 4-18　天津各工业遗产聚集区主要案例

条自建铁路。1888年，李鸿章获准将其延伸至天津，3月修至塘沽，8月修至天津，其后延长为京奉铁路。塘沽火车站现位于滨海新区新华路127号，是我国保存最完整的年代最久远的火车站（图4-18-g）。

黄海化学工业研究社始建于1922年，前身为范旭东创办的久大精盐厂化验室，现为黄海化学工业研究社纪念馆（图4-18-h）。

（三）天津市工业遗产廊道规划的总体思路

天津市工业遗产空间分布结构的特点有二：一是存在着以海河、京奉铁路和津浦铁路为主干的工业遗产廊道，且越接近廊道主干工业遗产的分布越密集，其中，海河具有至关重要的作用，三个聚集区都在海河沿岸；二是存在三个工业遗产聚集区，中心工业遗产聚集区、三岔河口工业遗产聚集区以及海河入海口工业遗产聚集区。前两者位于天津市中心区，后者位于原塘沽区（今属滨海新区），这与天津近代以来的以海河为轴线，市中心区和滨海新区为双中心的"扁担式"城市发展模式高度吻合，这种模式在现在的天津市城市形态和规划中仍然延续。

基于以上两点空间布局的特点，笔者提出自己对天津市工业遗产廊道规划的构想。首先，由于京奉铁路、津浦铁路的线路仍在正常使用当中，且目前海河上的游轮项目很受外来游客欢迎，将其引入工业遗产的旅游具有可行性。因此目前暂不将二者纳入"天津市工业遗产廊道规划"的体系当中，海河将成为该廊道规划的主轴。

综上所述，首先，在"天津市工业遗产廊道规划"中将以海河为整个廊道的主干线，以天津市中心的三岔河口"天津近代工业与城市历史博物馆"和海河入海口处的"北洋水师大沽船坞"为节点，建立游客集散中心，以水上游轮作为整个项目的主要交通工具，打造"天津工业遗产海河之旅"旅游线路。其他的工业遗产点作为廊道体系的外围补充。

其次，对于线路中的三大工业遗产聚集区，应采用不同的利用策略，突出其自身特色。中心聚集区内的建筑类工业遗产较多，且周边为天津五大道、意风区等历史保护区，因此，该区域工业遗产可将其融入历史街区的保护体系之中，在不改变现状的情况下进行保护利用。海河入海口工业遗产聚集区可作为整个天津工业遗产海河旅游线路的重要节点，周边的构筑物类工业遗产可作为"活景观"，打造沿海河工业遗产"活景观"观赏区。不在廊道体系和三大聚集区的工业遗产是也是天津工业发展的重要见证，应作为整个廊道规划主体系以外的重要补充进行保护。

第四节 本章小结

（1）基于笔者参与的天津市工业遗产普查行动，共采集了天津市域范围内108项工业遗产的信息。基于城市层级数据库框架标准，利用ArcGIS10.2软件建构"天津工业遗产普查GIS数据库"。并利用Microsoft Visual Stuido开发系统下的C++计算机编程语言与ArcGIS Enginge开发组件，自主开发了"天津工业遗产普查管理系统"软件。基于此软件可脱离ArcGIS软件，实现对天津工业遗产数据库的信息读取、展示、查询、浏览、统计、成果审查、工业遗产保护名录制定等管理功能，实现了城市管理者、文化遗产学家等非地理信息学科的人员查看、查询、审核天津工业遗产普查成果的功能，对未来天津市工业遗产的相关研究、保护与再利用规划的编制等活动提供重要的基础资料。

（2）对天津工业遗产年代的构成进行研究，得出结论：在中华人民共和国成立之前，天津市内六区和滨海新区海河入海口处是工业遗产重点分布的地区，其他地区在这时期工业遗产数量较少，并且沿铁路等交通线路进行分布的趋势极强。中华人民共和国成立后至1978年，天津工业遗产的空间分布开始向市区周边的西青区、静海区、蓟州区等地扩展，滨海新区的工业遗产也不再仅局限于海河入海口处。

（3）对天津工业遗产行业类型的构成进行研究，得出结论：天津工业遗产主要的行业类型为交通运输、市政设施、化工、纺织和机器制造。交通运输类工业遗产主要集中在和平区、河北区、红桥区、河东区和滨海新区，市政类和纺织类主要集中在市内六区，而化工类主要集中在滨海新区的海河入海口处。

（4）对天津市工业遗产的保护现状进行研究，天津市内受到保护的有16项，92项不在我国或地方的保护体系当中。其中全国重点文物保护单位有4项，天津直辖市级文物保护单位10项，天津历史建筑2项。天津工业遗产目前的保护现状较差，受保护的工业遗产数量极少，仅占到总数的14.8%，应引起当地领导和专家的重视。

（5）在天津工业遗产再利用潜力的分析中，将天津工业遗产依据类型分为厂区类、建筑物类和构筑物类，再利用的可能性依次降低。经过GIS分析，对天津各区县的三种类型工业遗产的数量、改造面积、未改造面积进行研究。得出结论：首先，天津厂区类型工业遗产，主要分布在市内六区和海河下游的滨海新区，尤其集中在滨海新区的海河入海口处和河北区。而天津已经再利用的厂区，主要集中在市内六区，且利用的形式以文化创意产业园为主。天津厂区类工业遗产再利用潜力最大的区域集中在天津的滨海新区，其次是河北区和河东区，市内六区中的和平区、河西区和红桥区的厂区土地储量较少。其次，天津市建筑类型工业遗产在数量、改造再利用案例方面都集中在和平区和河北区，并且上述两区在未来的改造再利用中也有较大的潜力。最后，天津市构筑物类工业遗产主要集中在滨海新区，有13项，占到该类型工业遗产在天津市的62%。其他区县的该类型工业遗产较少。构筑物类工业遗产的再利用模式建议在保留原功能的前提下，作为工业"活景观"。

（6）基于GIS技术进行了"天津市工业遗产廊道规划"体系的探索性研究。根据目前的实际情况，确定了以海河为整个廊道主轴，以天津市中心的三岔河口"天津近代工业与城市历史博物馆"和海河入海口处的"北洋水师大沽船坞"为节点，建立游客集散中心，以水上游轮作为整个项目的主要交通工具，打造"天津工业遗产海河之旅"精品旅游线路。并依据三大聚集区分别打造原状保护区、"天津创意产业聚集区"和沿海河工业遗产"活景观"观赏区。

第五章

遗产本体层级信息管理系统建构及应用研究——以北洋水师大沽船坞为例

工业遗产的信息采集与管理体系的遗产本体层级包括文保单位信息管理系统（以下简称专业系统）和 BIM 信息模型，其对象是我国各级工业遗产类型的文物保护单位。目的是对工业遗产保护单位的全面信息进行储存、管理、展示及应用，支持工业遗产的保护规划、保护工程及再利用改造的方案编制、工程施工和后期管理。其中的信息管理系统面向的是工业遗产及周边环境，主要用于保护规划领域；信息模型主要面向工业遗产单体，如建（构）筑物遗产和设备。本文将在本章以北洋水师大沽船坞为例，对文保单位信息管理系统建构和应用进行研究；在第六章中将以轮机车间、甲坞及设备为例，探讨 BIM 信息模型的建构和应用。

通过本文第二章节中对工业遗产文保单位信息管理系统的信息采集标准进行了归纳：第一类是现场采集信息，第二类是文献资料信息，第三类是工业遗产相关者访谈信息，第四类是生产工艺流程信息。本章节首先对北洋水师大沽船坞遗址的文物构成、保护现状进行简介，然后对其遗产本体层级的信息采集内容、过程、成果等进行论述，最后对信息管理系统和信息模型的建构进行研究（图 5-1）。

北洋水师大沽船坞的遗产本体层级主要应用到 GIS 和 C++ 语言等技术。

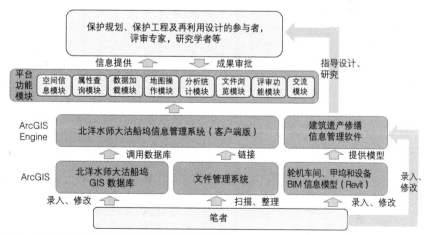

图 5-1 北洋水师大沽船坞文物保护单位层级的技术路线图

GIS 技术针对厂区层面，基于 GIS 技术，建构了"北洋水师大沽船坞遗产本体信息管理系统"，用于北洋水师大沽船坞厂区层面的信息管理、历史沿革研究、价值评估、保护规划的编制等。

第一节　北洋水师大沽船坞信息采集的实施

一、北洋水师大沽船坞简介

北洋水师大沽船坞由清末著名洋务大臣始建于 1880 年，是我国北方第一个近代化船舶修造厂。2013 年北洋水师大沽船坞遗址被国家文物局列入"全国重点文物保护单位"。遗址位于天津市滨海新区的东南部，在现天津市船厂厂区内，塘沽区大沽坞路 27 号，石油新村居民区北。距海河入海口处约 2km，且与滨海新区于家堡中心商务商业区隔海河相对。遗址坐标在北纬 38.978~38.982，东经 117.677~117.682，平均海拔 5.0m，占地约 22hm²，如图 5-2 所示。现存的遗址主要包括：北洋水师大沽船坞甲坞，北洋水师大沽船坞轮机车间，海神庙遗址，被改造或掩埋的船坞遗址 6 处，属工业遗产与古建筑遗址的复合型遗产。

北洋水师大沽船坞文物本体构成统计　　　　表 5-1

类别	数量	内容	规模
船坞	1	混凝土坞（甲坞）	128m 长，26m 宽，6.5m 深
	4	木坞（乙、丙、丁、戊坞）	已被改造为船台，考古探测已有大体轮廓和位置，尚未探明具体尺寸
	2	泥坞（蚊炮船坞）	地下遗址，考古探测已有大体轮廓和位置，尚未探明具体尺寸
轮机车间	1	轮机车间（已测绘）	55.26m × 19.77m
海神庙	1	海神庙遗址（山门及部分甬道）	地下遗址，已探明近 1000m²

北洋水师大沽船坞区位图

北洋水师大沽船坞文物分布图

图 5-2　北洋水师大沽船坞区位及文物分布图

大沽船坞遗址内现存甲坞、轮机车间各一处,原有乙、丙、丁、戊四个船坞以及后来挖掘的两个泥坞现已淤塞被填埋(丁坞1981年改造为机械船台)。甲坞南北长128m,东西宽26m,深6.5m,原有的坞壁木桩已改为混凝土,坞门由原来的双扇木质挤压式对口坞门改造成钢质浮箱式坞门[97],至今保存完好,仍是该船厂维修船只的主要设施。轮机车间是北洋水师大沽船坞现存的唯一厂房,曾用名有"大木车间"(1907年)、"铁船工厂"(1937年)等。轮机车间结构为砖木混合结构,溜肩形高封山墙,双坡屋顶,屋顶铺有灰色板瓦,东西长19.77m,南北长55.26m,共14开间。具体的文物本体构成如表5-1、图5-3所示。

大沽船坞现存19世纪设备3件、保险箱1件、大沽船坞仿制的马克沁机枪1件,均保存在大沽船坞博物馆内。设备有曾参与制造我国第一艘潜水艇和"飞凫"号等战舰的"剪床"(1882年购进,产地德国),当时北洋水师修造舰船主要设备"冲剪床"(1889年购进,产地英国道格拉斯,较之剪床功能更全面)以及一台我国19世纪仿制的冲剪设备。保险箱为当时北洋水师大沽船坞存放重要文件时使用(购于1893年,产地为英国伯明翰)。马克沁机枪制造于1919年,由当时的"大沽造船所"生产,于2001年在浙江省衢县发现,具体情况如图5-4所示。

轮机车间现状照片   甲坞现状照片

图5-3 北洋水师大沽船坞主要文物现状照片

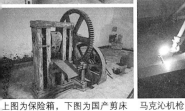
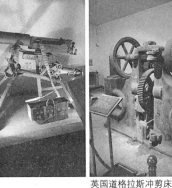

上图为保险箱,下图为国产剪床   马克沁机枪   英国道格拉斯冲剪床   德国剪床

图5-4 北洋水师大沽船坞设备遗产

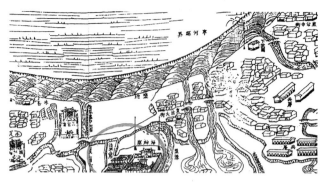

图 5-5 《津门保甲图说——东大沽图》中的海神庙

图片来源：《津门保甲图说——东大沽图》

海神庙由康熙年间建成，是一座皇家庙宇。从现存海神庙遗址、历史图片等可以看出，海神庙的选址非正南正北，而是将主要立面朝向海河入海口的河道处，反映出海神庙初建时选址对祭祀海神、指引航路等的考虑。从绘于道光年间的《津门保甲图说——东大沽图》（图 5-5）可以看出海神庙建筑群由两条轴线组成：幡杆、山门、碑亭和观音阁组成的主轴线建筑群部分和西配殿建筑群。这与考古的发现相吻合。

"1880 年，大沽船坞的兴建是以海神庙为中心进行功能排布的。而在中国传统的建筑布局中历来将重要建筑放置于中心，反映了祭祀海神这种我国传统海洋文化在传统造船工业中具有重要地位，这种传统文化意识在洋务运动时期近代造船业传入我国后依然在人们的意识中占有一定位置。在我国古代造船业中，存在着祭祀海神、妈祖、龙王等仪式活动，是我国所特有的海洋文化传统。因此，大沽船坞当时的选址与海神庙相结合不是巧合，而是人们在当时的特定海洋文化传统意识下做出的选择。这种现象在福州马尾船政的天后宫、威海刘公岛的龙王庙上均有体现。"[98] 1922 年海神庙观音阁失火，大庙化为灰烬，在 1941 年日战时期的测绘图中还可依稀看到轮廓，现已成为遗址。海神庙的发现标志着我国古代海洋文化当时在北方的兴盛，也印证了我国古代造船出海之前祭海神的习俗的真实性，是我国古代传统海洋文化的实物例证与重要遗址。

二、信息采集的实施

（一）现状勘察

2013 年 12 月至 2017 年 6 月，笔者全程参加北洋水师大沽船坞遗址保护规划的立项、信息采集、编制和汇报工作。在北洋水师大沽船坞遗址现状的信息采集中使用了本文中的《工业遗产历史环境调查表》对大沽船坞遗址目前所在的天津市船厂及周边环境进行实地调研，该次调研的信息采集内容如表 5-2 所示。

现状信息采集的成果如图 5-6~ 图 5-9 所示。

大分类	小分类	详细情况
北洋水师大沽船坞工业遗产本体信息	工业建（构）筑物遗产信息	1. 对轮机车间的形制、材料及做法、室内装饰、有价值的使用功能以及保存状态进行勘察，详细记录各个部位的原始材料、工程做法及细部构造；对各种损伤、病害、现象进行仔细评估，对重要历史时间及重大自然灾害遗留的痕迹、人类活动造成的破坏痕迹、历史上不当维修所造成的危害等应仔细分类，记录准确；完成建筑整体损伤、变形的记录；对轮机车间上述的调研进行现状照相；并利用三维激光扫描技术进行信息采集。 2. 对甲坞的材料、形制尺寸、功能等进行详细的调查和记录，拍摄现状照片，并利用三维激光扫描技术
	—	对重要设备的名称、年代、位置、保存状况、类型、制造商、功能、能源等进行登录；设备的保护情况、现状照片、影像资料（如操作工程）
	工业遗产历史环境信息	1. 天津市船厂厂区内的地上、地下遗址等历史环境遗存的分布区域、类型、保存状态进行勘察； 2. 厂区内的道路、铁路、非文物建（构）筑物、非文物设备、植被、水体的现状情况； 3. 厂区内的污染情况，包括污染物质、污染类型、分布区域、对保护及再利用的评估等； 4. 厂区内的供水、排水、电力等市政管网的分布情况
工业遗产周边环境信息	—	1. 厂区周边用地性质、功能、建筑类型、风貌等情况； 2. 厂区周边海河及对岸的区块情况，植被等环境的分布与类型情况； 3. 厂区周边道路情况； 4. 厂区周边供水、排水、电力等市政管网的分布情况，以及与保护区内管线的情况

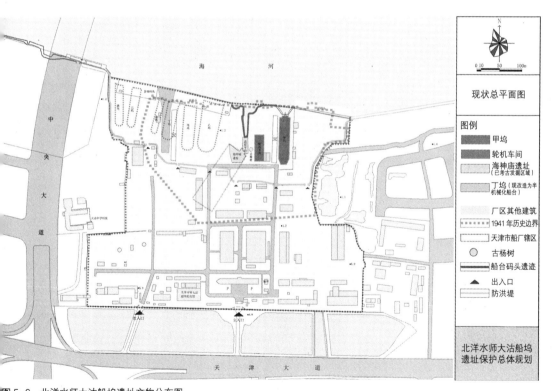

图5-6　北洋水师大沽船坞遗址文物分布图
图片来源：张家浩、李松松、冯玉婵、曲鹏、刘秘绘

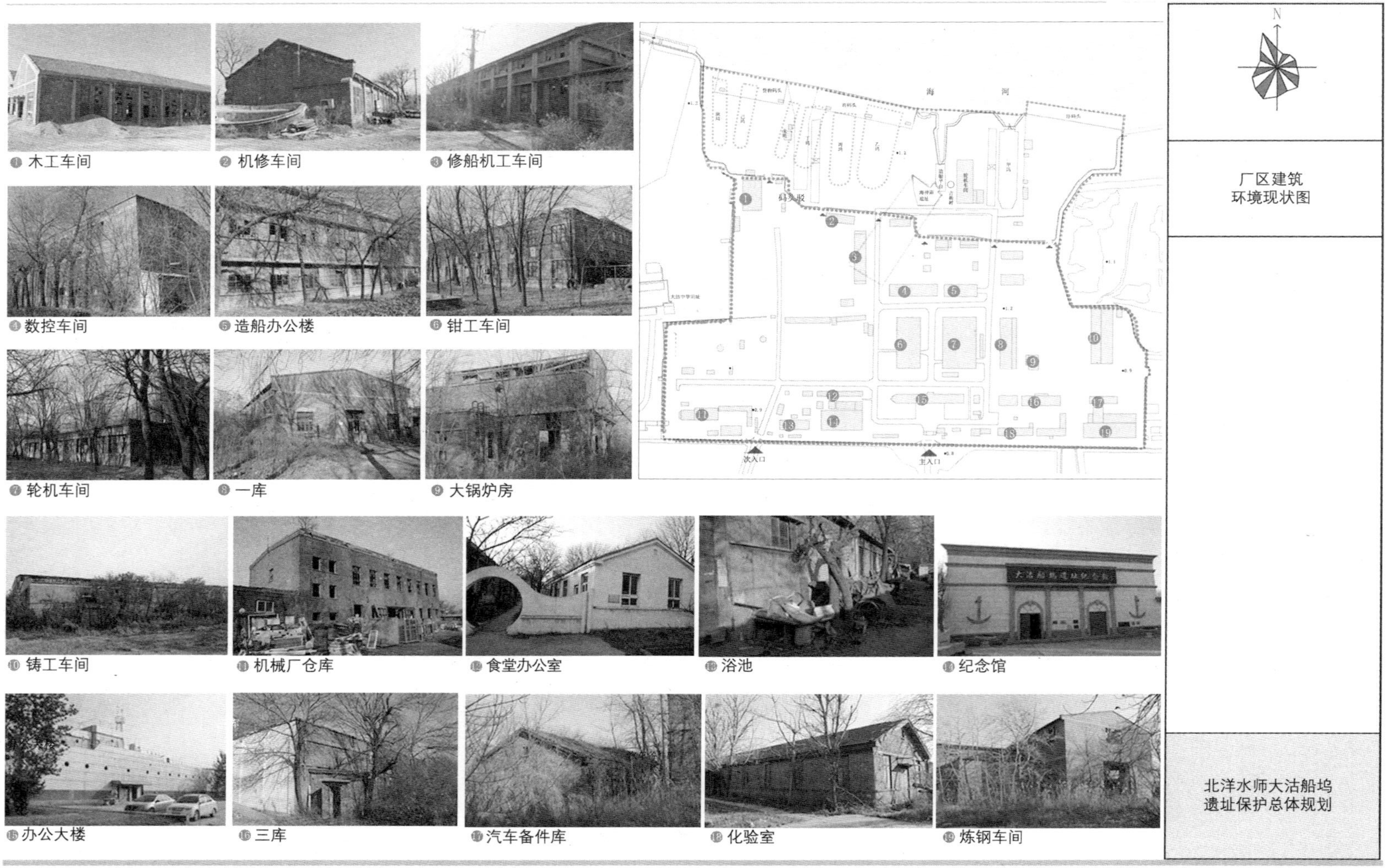

图 5-7　厂区内其他普通建筑分布图

图片来源：张家浩、李松松、曲鹏、冯玉婵、刘秘绘

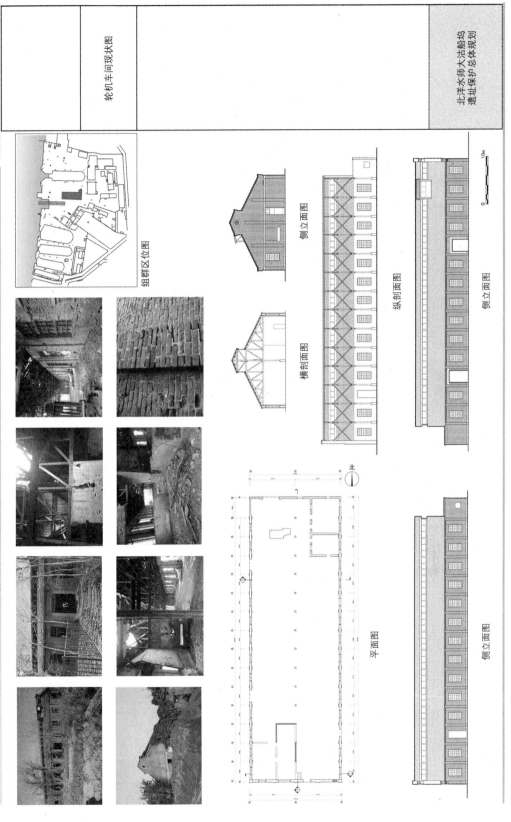

北洋水师大沽船坞遗址保护总体规划

轮机车间现状图

组群区位图

侧立面图

横剖面图

纵剖面图

侧立面图

侧立面图

平面图

北

0 10m

图 5-8 轮机车间现状调研
图片来源：张家浩、李松松、冯玉婵、曲鹏、刘秘绘

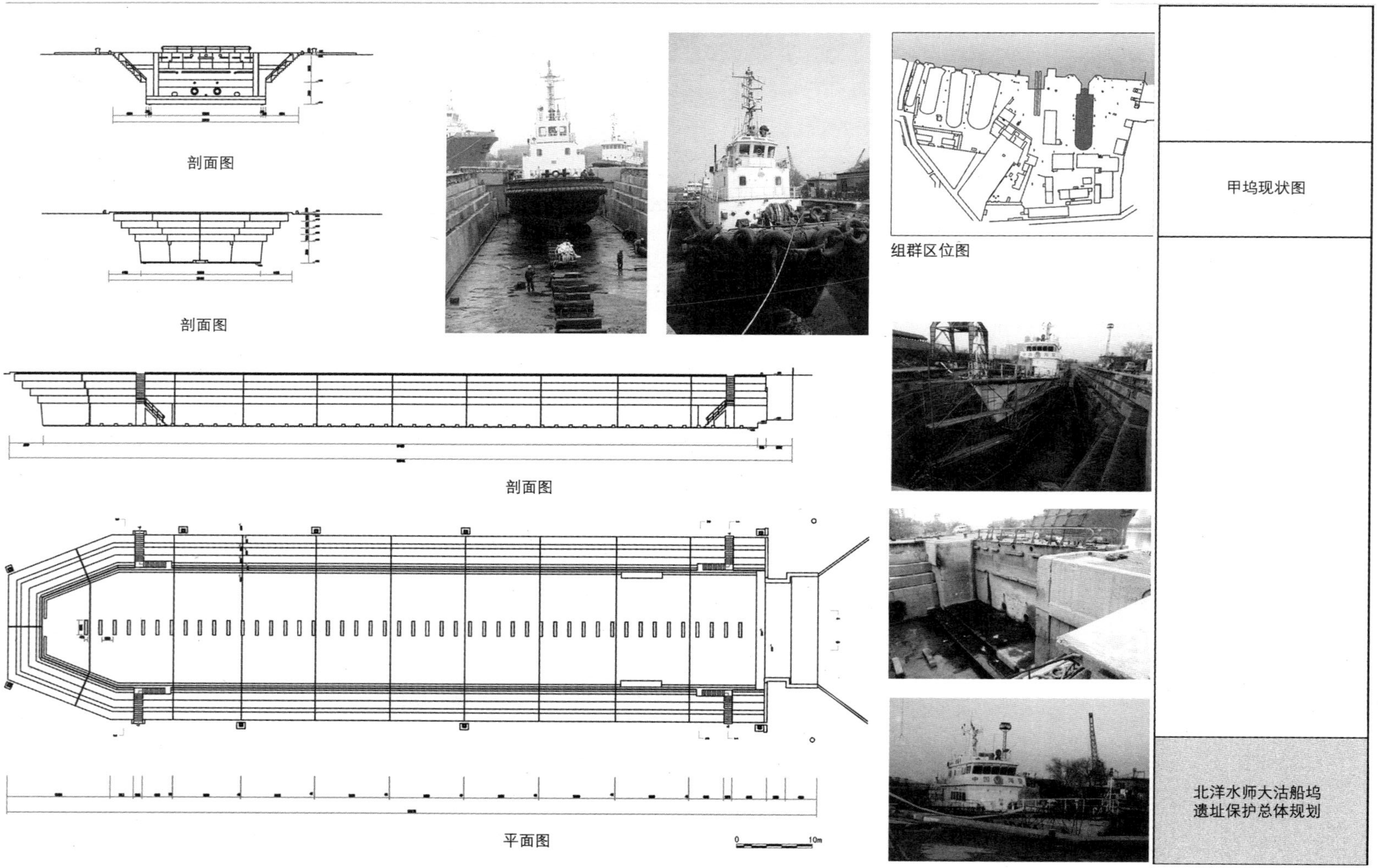

甲坞现状图

北洋水师大沽船坞
遗址保护总体规划

组群区位图

剖面图

剖面图

剖面图

剖面图

平面图

图 5-9　甲坞调研现状
图片来源：张豪浩、李松松、冯玉婵、曲鹏、刘秘绘

154

（二）文献收集

2013 年 12 月至 2017 年 6 月，笔者一直进行关于北洋水师大沽船坞遗址的信息收集，信息收集的主要来源有：①天津市、滨海新区（塘沽）当地的档案馆；②天津市志、工业志、塘沽县志等相关出版物中相关的信息；③网络如 CNKI 等数据库中的关于北洋水师大沽船坞有关的学术论文；④天津市船厂（大沽船坞已知所在地）厂中的档案等；⑤多次与滨海新区文广电总局、旅游局、规划局等部门进行沟通与会谈，进行相关图纸信息、资料信息、规划的相关建议的收集。最终的信息采集结果如表 5-3 所示。

北洋水师大沽船坞文献资料收集情况　　　　　　　　　表 5-3

类别	资料及文件名称
法律法规及文书	项目立项批文，设计任务委托书，保护规划合同
所在地资料	天津市、滨海新区相关的社会、文化、经济、交通、人口等文献资料
历史沿革资料	《北洋水师大沽船坞资料汇编》（1980 年），《北洋水师大沽船坞》（2005 年），《天津简史》（1987 年），《中国近代海军史事日志》（1995 年），塘沽志、天津市志、相关工业志等
	相关李鸿章奏折、船舰、地形图，大沽船坞牌坊老照片、海神庙画像、塘沽地区老地图等
考古资料	海神庙以及乙、丙、丁、戊以及两个泥坞地下遗址的考古资料
图纸图像资料	卫星遥感图（分辨率 2.5m，重点地段为 0.6m）或航拍图，天津市船厂及周边地块 1：2000 比例 CAD 图纸，基础设施现状资料（给排水、电力、电信、消防等），建筑测绘图、设计图、竣工图，相关调研照片、拓片等
相关论文、图书资料	《清宫塘沽密档图典精选》（国图），大沽船坞大事年表，2006 年天津市塘沽大沽船坞遗址考古勘探报告，规划分期实施内容建议，基本状况描述，相关硕博学位论文、学术期刊论文 40 篇，如《天津近代工业遗产北洋水师大沽船坞研究初探》（曹苏，2009 年）等
工业遗产保护规划和工程资料	2010 年北洋水师大沽船坞遗址区级文物保护单位时期的保护规划文本
当地规划设计文本	最新天津市总体规划图纸，工业遗产所在地块的控规图纸，关于滨海新区文化建设相关文件，滨海新区公共设施规划，滨海新区旅游发展规划，滨海新区环保规划，滨海新区旅游规划，北洋水师大沽船坞改造竞赛设计方案等
文物使用及管理资料	管理制度（图片），消防管理资料，500t 油压机大修理项目，保卫科职责，变电所配电工岗位制度，造船分厂大修理项目，2012 年生产设备完好率指标分析，安全保卫工作情况，保护机构情况，天津市船厂不动产，文物保护单位四有档案等
周边资料	用地性质现状，道路交通现状 CAD 图纸，大沽船坞周边居民基本调研情况，天津市志、塘沽县志中关于地理、自然、社会等方面的文字
测绘扫描数据	轮机车间、甲坞、海神庙遗址（已发掘）三维激光扫描点云文件，三维激光扫描外业记录表，建筑细部测绘数据
调研资料	厂区环境污染区域及类型调研资料，厂区环境调研资料，海河两岸现存文物古迹分部信息等
其他资料	其他相关的资料

图 5-10　现场访谈交流照片及记录
图片来源：李松松

（三）相关者访谈

大沽船坞遗址的利益相关者主要有本厂领导、职工、滨海新区相关政府部门、天津市相关政府部门等。由于遗址周边已大面积拆迁，周边居民都已搬迁，无法对其进行访谈。也多次前往天津市船厂与王可有厂长、职工沟通，进行资料收集工作。并在2014 年 12 月、2015 年 6 月等多次前往天津市文物局、天津市滨海新区文广电总局进行方案汇报及交流，并对交流的意见进行记录（图 5-10）。

（四）生产工艺流程

由于北洋水师大沽船坞所在的天津市船厂处于停工状态，并且重要的文物本体轮机车间荒废多时，主要的生产活动是在甲坞中进行的船只的保养和维修。因此，对北洋水师大沽船坞现状的生产工艺流程的信息采集主要通过其他船厂的实地调研和相关文献记录来进行；而对大沽船坞近代时期的生产工艺流程的信息采集则主要从相关的历史文献中获得，如《海军实记》等。

北洋水师大沽船坞是我国北方第一个近代化船坞，具有重要的科技价值。近代时期，在船舰生产过程中，舰体内部需要大量的木材作为构架，这些是由木工厂加工。而船身铁甲及零件都为金属制品，熟铁厂、熔铁炉、铜厂、铸铁厂、模样厂都是金属加工的车间（图 5-11）。生产舰船的金属制品主要包括铁甲、金属零件以及轮机等设备。

首先，铁甲的制作在当时需要先用木板支模，模样厂根据绘图楼设计处的图纸做出"模样"；然后，依据这些"模样"，在金属板材上用木板进行支模；该工艺主要用于如舰船外壳铁甲的制作等，然后将按"模样"生产的金属板材再送入铆工厂加工。

其次，金属零件的制作则相对复杂，需要将融化的金属浇入铸好的"砂胚"，经冷却定型后得到舰船的零配件。"砂胚"的原料以砂子为主，为了在"砂胚"内塑成与铸件状相符的空腔，必须按设计在模样厂生产木模。有了木模，就可以翻制空腔"砂胚"，这是翻砂厂的工作。砂型制成后，浇筑铁水。冷却后的铸件还要经过除砂、修复、打磨等过程，方能合格。熟铁厂、熔铁炉、铜厂则为零件生产提供铁水等。

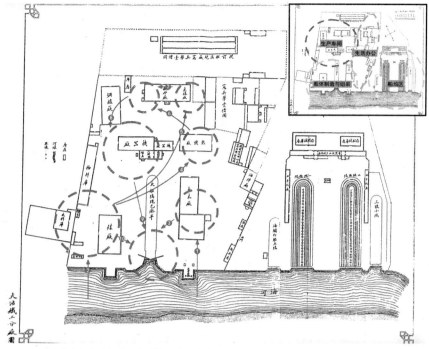

图 5-11　北洋水师大沽船坞近代时期生产工艺流程图
图片来源：根据《直隶工艺志初编》改绘

最后，轮机是船舶动力机械的通称，由主机即蒸汽机，副机、锅炉组成。
锅炉主要是用来产生蒸汽，推动机器，并将蒸汽产生的热能转变为各种动力。
轮机可以说是船舰的心脏。《海军实记》中提及的北洋水师大沽船坞的轮机房、
汽机房、抽水机房、锅炉房等诸厂房就是生产船舰主要动力设备。最后，将加
工好的金属板材、零件、汽轮机、锅炉、抽水机等设备一并运至船坞，在船坞
中完成舰船的组装工作。

第二节　北洋水师大沽船坞遗产本体信息管理系统建构研究

北洋水师大沽船坞遗产本体信息管理系统（以下简称大沽船坞专业系统）
的目的是探索对工业遗产文物保护单位中 GIS 技术在厂区层面的遗产本体层级
信息管理、保护规划中的实际应用。在设计中，大沽船坞专业系统的使用对象
是保护规划编制者、研究专家、相关评审专家等。其功能是通过管理系统的客
户端软件，调取 GIS 数据库数据和文件数据库内的文件所实现的。大沽船坞专
业系统的管理模块除了应具备传统的空间信息浏览、属性查询、数据加载、分
析统计等功能外，还应具备评审功能模块，具体内容如图 5-12 所示。

图 5-12　北洋水师大沽船坞专业信息管理系统功能模块

一、GIS 数据库框架建构

北洋水师大沽船坞遗产本体层级 GIS 数据库的框架更为复杂,主要依据"遗产本体层级"GIS 数据库的框架标准制定,并结合了北洋水师大沽船坞的行业、历史等特点。首先,基于 ArcGIS 的 Geodatabase 进行了数据库框架设计,根据北洋水师大沽船坞遗址的自身特性设定了相应的"专题要素集",主要包括历史地图、周边环境、工业遗产本体、厂区环境要素集,每个要素集包含若干要素类。数据库框架以及所包含的相关属性信息如表 5-4 所示。

大沽船坞要素分类信息表　　　　　　　表 5-4

要素集名称	要素名称	要素类型	属性表
历史地图要素集	厂区边界	面	边界始建年代、边界消失年代、面积、名称
	历史建筑	面	建筑名称、功能、面积、始建年代、消失年代
	历史船坞	面	船坞名称、功能、面积、始建年代、消失年代
周边环境要素集	周边建筑	面	建筑功能、名称、大致高度、始建年代
	周边地块	面	地块面积、功能
	周边道路	面	道路宽度、名称、路面材质等
	周边河流	面	河流名称、宽度等
工业遗产要素集	文物历史环境边界	面	名称、行业类型、保护等级、是否存在危险、年代、权属人、联系人方式、地址、GPS 点、现状描述、历史沿革、重要产品(生产流程)、占地面积、调查者等
	轮机车间	面	名称、始建年代、面积等
	船坞	面	名称、始建年代、灭失年代,面积、技术
	海神庙	面	名称、始建年代、灭失年代、已知面积
	设备遗产	点	名称、功能、年代、制造商、制造国家
	其他可移动文物	点	名称、功能、年代
厂区环境要素集	道路	面	宽度、名称、路面材质
	防潮堤	线	名称、高度
	普通建筑	面	名称、始建年代、功能、层数、面积

要素集名称	要素名称	要素类型	属性表
厂区环境要素集	厂区边界	面	名称、面积
	厂区功能区	面	功能、面积
	厂区污染	面	面积、中心经纬度坐标、污染物
	厂区杂草	面	面积、中心经纬度坐标
	厂区绿化	点	名称、品种等
	厂区给水	线	名称、管线宽度
	厂区排水	线	名称、管线宽度
	厂区附属设施	点	名称、功能
	停车位区域	面	名称、面积、车位面积
	厂区景观节点	点	名称
	文物管理	点	名称

　　然后，将北洋水师大沽船坞遗址对应信息录入 GIS 数据库，用于后期信息的管理及应用分析的研究，成果如图 5-13 所示。

二、文件数据库的建构

　　北洋水师大沽船坞遗产本体信息管理系统的文件数据库是建立在 Windows10 操作系统的文件管理系统上的。用于北洋水师大沽船坞相关文献资料的储存与管理，并链接入"大沽船坞专业系统"进行统一的管理。

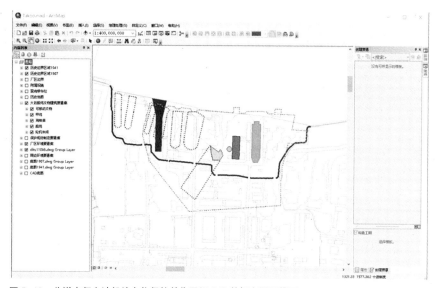

图 5-13　北洋水师大沽船坞文物保护单位层级 GIS 数据库界面截图

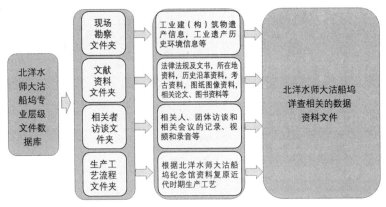

图 5-14　北洋水师大沽船坞文物保护单位层级文献管理系统结构图

北洋水师大沽船坞的文件数据库包括：现场勘查、文献收集、相关者访谈，以及生产工艺流程信息采集的数据资料。其中包括四个层级：主文件夹，现场勘查、文献收集、相关者访谈、生产工艺流程四个文件夹，各项子文件夹，以及数据资料的电子文件（图5-14）。

三、北洋水师大沽船坞遗产本体信息管理系统的建构

以北洋水师大沽船坞的 GIS 数据库和文件数据库为数据源，基于 C++ 编程语言和 Arcgis Engine 开发组件，开发"北洋水师大沽船坞遗产本体信息管理系统"。并实现了空间信息、数据加载、地图操作、属性查询、分析统计、文件浏览、专家评审等功能，基本满足了建筑史研究学者、保护规划编制者以及评审专家等用户的需求（图5-15）。

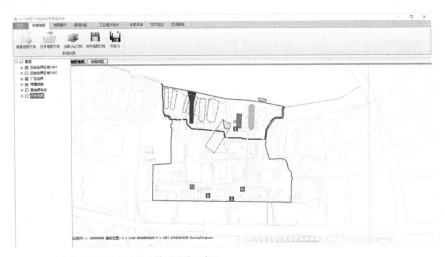

图 5-15　北洋水师大沽船坞信息管理系统示意图

第三节　GIS 在北洋水师大沽船坞保护规划中的应用研究

一、基于时态 GIS 的大沽船坞历史沿革探究

利用 GIS 时态数据在原有的"北洋水师大沽船坞 GIS 数据库"基础上，加入"时间属性"使之成为"GIS 时态数据库"。时态属性的加入使 GIS 系统的研究对象从"三维空间"扩展到"三维空间 + 时间"，基于此项技术，可以利用时间先后顺序将研究对象的图形、文献等信息进行系统组织，对研究对象的演变历程进行动态的可视化研究分析，还可通过导出视频等方式进行直观表达。将 GIS 时态数据技术引入工业遗产乃至其他文化遗产和历史文化名城名镇名村的历史研究及保护规划中，可以更为有效地组织历史及现状的文献、图纸等数据，为研究与保护提供科学有效的研究系统及方法。

北洋水师大沽船坞经历清末、民国时期的数据来源主要有：成文于1928 年（民国十七年）《大沽船坞历史沿革》[①]，成书于 1907 年（光绪三十三年）《直隶工艺志初编》中的清末时期格局示意图（图 5-16），1926年的《海军实纪》中记载了 1926 年的格局，日占时期 1941 年的测绘图，塘沽区文化局编制的《北洋水师大沽船坞》文集等。中华人民共和国成立后数据来源为：滨海新区规划部门提供的 2008 年 1：1000 现状 CAD、航拍图，天津市船厂编制的《图文大沽船坞》，课题组经过实地调研、采访厂内员工、测绘等手段获得的一手资料。

① 作者为 1931 年大沽造船所工务科一等科员王毓礼。

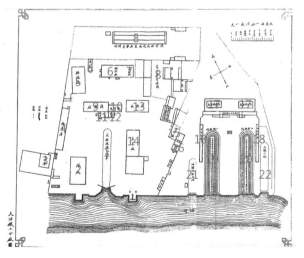

1. 大船坞	
2. 煤场	
3. 木料厂	
4. 物料库	
5. 锅炉厂	
6. 翻砂厂	
7. 木样厂	
8. 宪兵学堂借用	
9. 机器厂	
10. 机器厂	
11. 锅炉房	
12. 抽水房	
13. 熟铁厂	
14. 大木厂	
15. 海神庙	
16. 办公室	
17. 存船械库房	
18. 水手住房	
19. 一号西坞	
20. 二号西坞	
21. 海关灯船土坞	
22. 三号小坞	

图 5-16　大沽船坞 1907 年测绘图
图片来源：根据《直隶工艺志初编》改绘

建构北洋水师大沽船坞GIS时态数据库框架,将收集的数据进行整理录入。在此数据库中,对各个年代的历史格局进行还原再现,通过对"时间滑块"的拖动(图5-17),动态化地反映出北洋水师大沽船坞从始建至今随时间产生的厂区边界、厂区功能等格局演变,以及那个年代建筑的建设、毁损、功能等变化。通过这种新手段,能更直接有效地进行相关历史研究与表达,从而在北洋水师大沽船坞的保护规划中更加科学地确定历史环境的分布区域,为保护范围的划定和将来地下遗址的发掘提供科学指导。

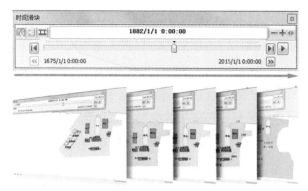

图5-17 通过时态数据库功能实现格局动态研究示意图

通过对数据库整理成果的分析,可以发现北洋水师大沽船坞遗址格局演变有六个重要时期,分别为:"初创期",时间是1880—1897年;"停滞期",1898—1916年;"中兴期",1917—1925年;"破坏期",1926—1948年;"重建改造期",1949—1998年;"保护期",1999年至今,如表5-5所示。

(一)初创期(1880—1897年)

这一时期虽经历了甲午海战失败但大沽船坞并没有遭到损失,生产建设未曾停止;先后完成了大沽船坞中各厂房、船坞等重要建筑的建设,奠定了大沽船坞在1951年之前的规模。据王毓礼《大沽船坞历史沿革》一文中记载:"是年庚辰二月,购用民地一百十亩,建筑各厂,各坞。"[99] 由此可知,大沽船坞初期厂址面积应为110亩(73333m²)。根据数据库中依据历史信息复原的大沽船坞格局我们可以测得总面积有83246.6m²,清朝尺约为"32~34.35cm"[100],每亩面积与现今相当。按666.7m²计算,约为125亩(83333m²),这与记载不相符。后经验证,海神庙为皇家庙宇并非民地,面积约11亩(7183.6m²),厂区其余部分围绕海神庙,面积为114亩(76000m²)与记载大致相符。这也证明大沽船坞在创建时是有意以海神庙为中心。通过对数据库内历史地图研究,可发现以海神庙西山墙为界,厂区被明显分为两部分;并且"东厂"是大沽船坞最早修建区域,主要的生产性厂房也分布于此,如图5-18所示。

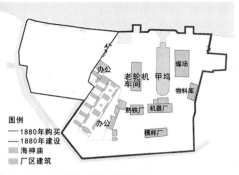

图 5-18　大沽船坞 1880 年格局图

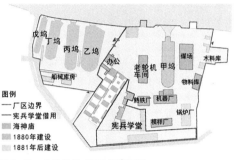

图 5-19　大沽船坞 1898 年格局图

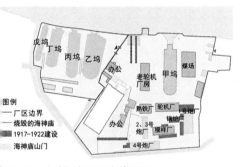

图 5-20　大沽船坞 1922 年格局图

（二）停滞期（1898—1916 年）

这一时期大沽船坞经历了八国联军侵华、清末新政以及辛亥革命胜利。八国联军侵华中被俄国占领，设备遭到掠夺，后经李鸿章赎回，于 1904 年更名为铁工厂分厂；1906 年厂区南部被宪兵学堂借用，1913 年又更名为大沽处造船所。这一时期由于政局动荡，大沽船坞多次更名，建设和维护也一度陷入停滞（图 5-19）。

（三）中兴期（1917—1925 年）

这一时期在"直隶督军"曹锟的经营下，大沽船坞建设多为在"初创期"之上的加建项目，根据数据库中对这一时期格局的还原，可以看出这一时期的建设重点依然是厂区的东部。"东厂"的历史、社会等价值在这一时期又得到提升，而 1922 年，海神庙的不幸烧毁也对整个厂区的格局有重要的影响，如图 5-20 所示。

（四）破坏期（1926—1948 年）

在这一时期大沽船坞先后经历了国奉交战、抗日战争与解放战争，在国奉交战中大沽船坞的设备、物资、人员等先后被劫掠到青岛、奉天等地；日占时期由于缺乏维护，厂内建筑损失过半，戊坞也在这一时期被填平；解放战争时期，国民党撤离时带走大量物资，同时也对大沽船坞造成了巨大破坏。

（五）重建改造期（1949—1998 年）

1949 年后，大沽船坞经过多次改组，1954 年更名为塘沽机器厂，并进行了扩建。这次扩建由于原"核心区"海神庙区域的烧毁以及在"破坏期"的损失，完全打破了原有的格局，并形成了较规整的道路系统（图 5-21）。后经多次改造，乙、丙、戊坞不复存在，丁坞被彻底改造，仅存甲坞、轮机车间和 2005 年发掘的海神庙遗址。

（六）保护期（1999 年至今）

筹建"大沽船坞遗址纪念馆"等。

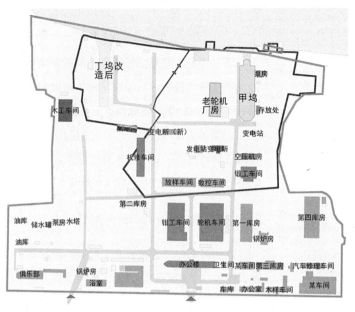

图 5-21　大沽船坞（天津市船厂）1998 年至今格局

北洋水师大沽船坞遗址历史沿革表　　　　　　　　　　　　表 5-5

朝代	时期	重要事件	时间	名称
清朝	初创期（1880—1897 年）	购地 110（73333m²），五月，甲坞，轮机厂房，马力房，抽水房，大木厂，码头，起重架，绘图楼，办公房，库房（模样厂楼上，铸铁厂楼下），熟铁厂，锅炉厂	1880 年	大沽船坞（1880—1903 年）
		乙坞，丙坞	1884 年	
		丁坞，戊坞	1885 年	
		办公房，报销房，西坞抽水房，西坞军械库，两土坞	1886 年	
		兴建炮厂	1892 年	
		西坞水雷营，营房	1897 年	
	停滞期（1898—1916 年）	俄国占领	1900 年	
		俄国掠夺设备	1901 年	
		李鸿章赎回，袁世凯测绘	1902 年	
		更名为铁工厂分厂	1904 年	铁工厂分厂（1903—1912 年）
		厂区部分被宪兵学堂借用	1906 年	
		甲坞淤塞	1907 年	
		甲坞竣工	1909 年	
		船厂修整	1910 年	
		辛亥革命成功，建设停滞	1911 年	
中华民国	中兴期（1917—1925 年）	更名大沽处造船所	1913 年	大沽造船所（1913—1928 年 7 月）
		兴建 1 号炮场，扩建轮机厂	1917 年	
		兴建 2 号炮场，铜厂，扩建熟铁厂	1918 年	
		兴建 3 号炮场，扩建 1 号炮场	1919 年	
		在海神庙内创建大沽海军管轮学校	1920 年	
		学校失火，海神庙烧毁，扩建 1 号炮场	1922 年	

朝代	时期	重要事件	时间	名称
中华民国	破坏期（1926—1948年）	国奉交战，大沽造船所机器、物资被转移至青岛	1926年	
		机器、工人被奉军转移至奉天，后被国民军占领又遭到破坏，7月更名为平津机械厂大沽分厂	1928年	平津机械厂大沽分厂（1928年7月—1942年）
		日本占领	1937年	
		兴建木工厂房	1938年	
		更名为天津浮船株式会社	1942年	天津浮船株式会社（1942—1945年）
		厂房、仓库等损失过半，戊坞被填平	1945年	
		中华人民共和国成立前夕又遭到破坏，损失惨重	1948年	大沽造船所（1944—1948年）
中华人民共和国	重建改造期（1949—1998年）	解放军接管	1949年	天津区港务局第一修船厂（1949—1953年）
		1953年新河船舶修船厂与大沽修船厂合并，人员、设备调到新河船厂	1953年	新河船舶修船厂大沽坞（1953年）
		1954年撤销新河船厂大沽坞，全部并入新河船厂；塘沽机器厂接管大沽坞厂区并扩建	1954年	塘沽机器厂（1953—1956年7月）
		更名为天津市船舶修造厂	1956年7月	天津市船舶修造厂（1956年7月—1960年11月）
		更名为天津市渔轮修造厂	1960年11月	天津市渔轮修造厂（1960年11月—1982年10月）
		地震倒塌房屋8000余平方米，1977年恢复最高生产水平	1976年	
		丁坞被改造成半坞式机械化船台	1978年	
		更名为天津市船厂	1982年10月	天津市船厂（1982年10月至今）
		乙坞被填平	1986年	
		丙坞被填平	1998年	
	保护期（1999年至今）	筹建"大沽船坞遗址纪念馆"	1999年	
		厂礼堂被改造为北洋水师大沽船坞遗址纪念馆	2000年6—9月	
		北洋水师大沽船坞遗址被评为"全国重点文物保护单位"	2013年6月	

综上所述，基于GIS时态数据库的可视化分析研究，梳理出了北洋水师大沽船坞的历史沿革，对各时期的演变进行了详细、直观的分析与表达，确立了北洋水师的主要地下遗址埋藏区为1880年始建厂区的范围，及"东厂"边界为准。而核心保护区的范围应以1881年之后的厂区边界为准，不能以1880年始建时的边界为依据。为保护规划的编制提供了坚实的依据。

二、基于GIS技术的价值评估研究

对北洋水师大沽船坞进行价值评估，是保护规划科学编制的重要前提。目前，我国工业遗产的价值评估体系仍处于探讨研究的阶段，还没有形成统一的标准体系。主要的评价体系有许东风 2013 年提出的评价体系，体系内包括历史价值、技术价值、社会价值、经济价值、审美价值和真实性、完整性等几个评价指标[101]；徐苏斌团队 2014 年提出的《中国工业遗产价值评价导则（试行）》，并将工业遗产的评估分为物质资本、人力资本、自然资本和文化资本四个方面[102]。因此，基于前人经验总结，本研究处于方法探索的目的，对北洋水师大沽船坞的价值评估有两个方面：一是定量分析大沽船坞内工业建（构）筑物遗产和遗址本体价值的高低以及保存现状的好坏，确定保护的重点范围及对象；二是评估非文物建（构）筑物的再利用价值，确定值得保留并进行改造的建（构）筑物，拆除保留价值较低者，对厂区环境进行整合治理。利用 GIS 数据库进行价值评估进行定量操作和可视化表达，有利于更系统更直观的研究与展示。

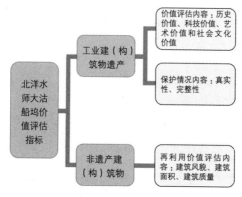

图 5-22　本研究中工业遗产价值评估体系图

综上所述，工业遗产的评估对象是工业建（构）筑物，项目分为两个方面：即遗产评估和非遗产评估。遗产评估分为对工业建（构）筑物遗产的遗产价值评估和保存情况评估，价值评估包括历史价值、艺术价值、科学价值、社会文化价值，涉及文物的本体价值；现状评估包括真实性评估与完整性评估，涉及文物的保存现状。非遗产的评估再利用价值评估分为建筑风貌、建筑面积、保存情况三个方面。具体情况如图 5-22 所示。在数据库中，针对各评价项目设定打分标准进行定量评价，并利用数据库将评价结果进行可视化表达。本研究中评估的各类项目均设有定量的好（3 分）、中（2 分）、差（1 分）三档，具体内容如表 5-6 所示。首先，由专家带领团队对各工业建（构）筑物遗产和非遗产的建（构）筑物进行单独的评估，然后再由专家判断各分项之间重要性的高低，并采用加权的方式判定其加权系数，再对工业建（构）筑物遗产进行总体评价。基于 GIS 技术各分项的评估结果如图 5-23~ 图 5-31 所示。

北洋水师大沽船坞价值评估指标			
北洋水师大沽船坞价值评估指标	工业建（构）筑物遗产	价值评估内容	历史价值	建于17世纪（3分） 建于1880年（2分） 建于1881年或以后（1分）
			科技价值	工业生产主要发生场所（3分） 工业生产附属场所（2分） 非工业生产场所（1分）
			艺术价值	具有很高的艺术价值，如可代表当时建筑风格、著名建筑师作品等（3分） 具有较高的艺术价值（2分） 具有一般的艺术价值（1分）
			社会文化价值	具有很高的社会文化教育意义（3分） 具有较高的社会文化教育意义（2分） 具有一般的社会文化教育意义（1分）
		保护情况内容	真实性	保存了较多的始建时期的历史信息（3分） 保存了较少的始建时期的历史信息（2分） 保存了极少的始建时期的历史信息（2分）
			完整性	建（构）筑物遗产保存情况较好，结构体系、围护结构完好（3分） 建（构）筑物遗产保存情况一般，结构体系完好（2分） 保存情况较差，结构稳定性存在问题或已倒塌（1分）
	非遗产建（构）筑物	—	建筑风貌	具有较好的工业建筑风貌（3分） 具有一般的工业建筑风貌（2分） 不具有工业建筑风貌（1分）
			建筑面积	建筑面积在2000m²之上的（3分） 建筑面积在1000m²至2000m²的（2分） 建筑面积在1000m²以下的（1分）
			建筑质量	建筑主体结构、围护结构、附属构件保存完好（3分） 建筑主体结构保存完好（2分） 建筑结构问题性存在隐患（1分）

图5-23 大沽船坞历史价值评估图

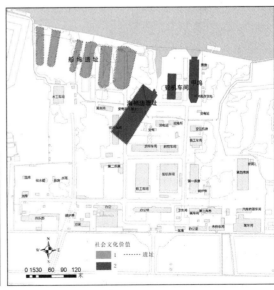

图5-24 大沽船坞文化价值评估图

图 5-25 大沽船坞科技价值评估图

图 5-26 大沽船坞艺术价值评估图

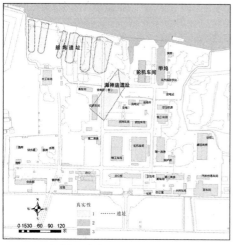

图 5-27 大沽船坞真实性评估图

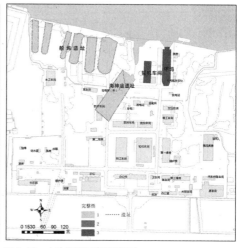

图 5-28 大沽船坞完整性评估图

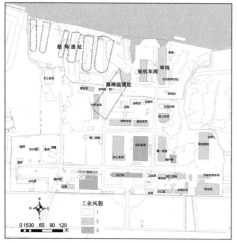

图 5-29 非遗产建(构)筑物风貌评估图

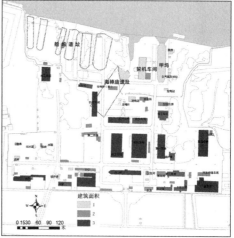

图 5-30 非遗产建(构)筑物面积评估图

图5-31 非遗产建（构）筑物质量评估图

经过对工业建（构）筑物遗产的各分项进行评估，可发现历史价值最高的是海神庙遗址，其次是甲坞和轮机车间；社会文化价值最高的是海神庙，代表了我国古代优秀的祭海传统，也是整个北洋水师大沽船坞厂区的中心，其次是轮机车间和甲坞，见证了我国近代海军的诞生和发展；科技价值最高的是轮机车间和甲坞，是我国近代船舶制造业的典型物证；艺术价值最高的是轮机车间，是当时厂房建筑的典型代表；真实性和完整性最好的均是甲坞和轮机车间，其他泥坞和海神庙遗址的保存情况较差。对于非遗产建（构）筑物的再利用价值的评估中，可以明显看出，天津市船厂入口处的办公楼、新轮机车间、钳工车间、纪念馆等一系列建筑组群的再利用价值较高。

然后，基于加权法，得出各单项的加权系数。首先，分别设文物建筑和非文物建筑的总加权分值为1，然后通过比较各个单项之间的重要程度关系，计算得出各单项的加权系数，结果如表5-7所示。

北洋水师大沽船坞文物价值与再利用价值评估加权系数统计表　　　表5-7

大沽船坞文物评估	文物价值评估	历史价值	0.1914
		科学价值	0.1738
		艺术价值	0.0638
		文化价值	0.071
	保存现状	真实性	0.25
		完整性	0.25
非文物建筑评估	再利用价值	建筑质量	0.3334
		建筑风貌	0.3333
		建筑面积	0.3333

最后，根据加权值，利用GIS技术对各个文物建（构）筑物要素和非文物建筑要素的价值评估的相应属性值进行计算，并利用GIS技术进行可视化展示表达。结果如图5-32、图5-33所示。通过分析可知，目前北洋水师大沽船坞的工业建（构）筑物遗产中，甲坞的遗产价值最高，轮机车间次之，

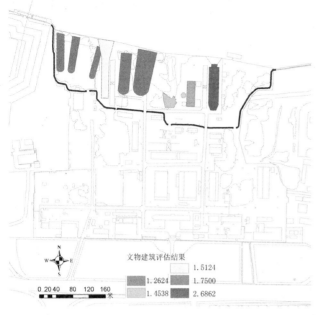

图 5-32　北洋水师大沽船坞文物建（构）筑物价值评估结果图

文物建筑评估结果

	1.5124
1.2624	1.7500
1.4538	2.6862

0 20 40　80　120　160
米

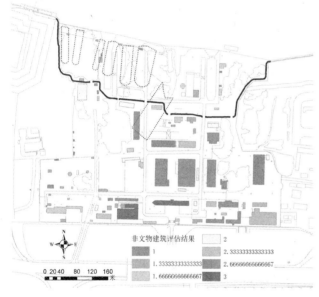

图 5-33　北洋水师大沽船坞非文物建筑再利用价值评估结果图

非文物建筑评估结果

	2
1	2.33333333333
1.33333333333333	2.66666666666667
1.66666666666667	3

0 20 40　80　120　160
米

其他地下船坞和海神庙遗址已发掘的区域遗产价值较低。对于普通建筑而言，再利用价值最高的为天津市船厂办公楼、目前的北洋水师大沽船坞纪念堂以及新轮机车间和钳工车间等，而木工车间、机工车间、机械厂仓库等再利用价值较低。

确定其中遗产价值较高的为轮机车间、甲坞以及海神庙遗址，在保护规划中应突出这三者的重点地位；而大沽船坞的遗产本体的保存现状均较差，尤其是埋藏于地下的船坞遗址及海神庙遗址，在保护规划中应重视文物建筑的修缮恢复以及遗址的勘察发掘和保护利用。对于厂区非遗产的建（构）筑物，通过评估确定了再利用价值较高与较低的建筑，在保护规划的制定中应根据评估结果确定保留下的非遗产建筑并对其再利用方案进行探讨。

三、GIS 技术指导下的保护规划编制研究

基于 GIS 技术进行工业遗产保护规划的编制工作需要，应制定相应的保护规划的 GIS 数据库框架。北洋水师大沽船坞保护规划的 GIS 数据库要素如表 5-8 所示。GIS 作为一种地理信息技术，对工业遗产保护规划的前期信息采集成果的管理、历史格局研究、价值评估、保护规划图纸绘制以及后期的

北洋水师大沽船坞保护规划 GIS 数据库要素　　　　表 5-8

要素集名称	要素名称	要素类型	属性表
保护范围要素集	重点保护区	面	名称、面积
	一般保护区	面	名称、面积
	一级建控地带	面	名称、面积
	二级建控地带	面	名称、面积
	环境控制区	面	名称、面积
	功能分区（面要素）	面	名称、功能、面积
	规划分期	面	名称、规划年限、实施年限
管理规划要素集	值班室	面	名称、功能
	摄像头（点要素）	点	编号
	巡逻路线（线要素）	线	路线名称
展示规划要素集	展示路线（线要素）	线	路线名称
	主题展馆（要素）	面	名称、功能、面积、层数
整治规划要素集	环境整治	面	名称、面积、整治手段
	道路整治	面	名称、整治手段
基本设施规划要素集	座椅	点	编号、名称
	垃圾桶	点	编号、名称
	卫生间	点	编号、名称
	给水管线	线	名称、管线宽度
	排水管线	线	名称、管线宽度
消防规划要素集	消防栓	点	编号、名称
	消防通道	线	编号、名称
普通建筑要素集	防潮堤调整	线	名称、高度、材质
	厂区保留建筑	面	名称、改造后功能、面积、层数、层高
	厂区拆除建筑	面	名称
	新建建筑	面	名称、功能、面积、层数、层高

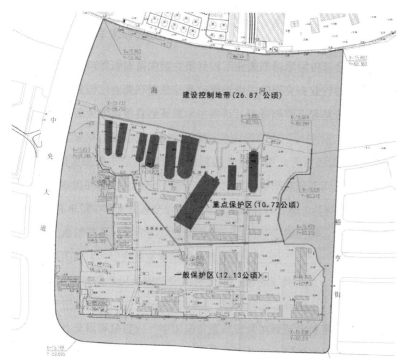

图 5-34　北洋水师大沽船坞 GIS 数据库

保护规划成果和实施状况管理等工作具有重要的指导和辅助意义。总而言之，对于工业遗产的保护规划的编制，GIS 技术可应用在从前期信息采集、规划编制再到规划实施管理的"全周期"。本文中已经依据 GIS 技术实现了对北洋水师大沽船坞的历史沿革和价值评估的研究，确定了大沽船坞的遗产分布位置、保护重点以及具有再利用价值的非遗产建（构）筑物，为保护区划的划分、保护措施的制定、再利用方案的确定等提供了科学依据。为了规划图纸绘制所建构的保护规划 GIS 数据库，也将在未来工业遗产的保护管理中发挥重要的作用。

　　基于笔者所建构的保护规划 GIS 数据库，研究中心同学基于 GIS 技术对保护规划的图纸进行了绘制工作（图 5-34）。最后的图纸成果还需将 GIS 生成的图纸导出到 Photoshop 软件进一步加工，获得最后的图纸成果。

第四节　本章小结

　　以北洋水师大沽船坞为案例，对工业遗产文物保护单位的遗产本体层级信息采集以及相应的遗产本体信息管理系统的建构进行了实践研究，并基于 GIS

对大沽船坞的历史沿革、价值评估等方面的应用进行了研究，并对 GIS 在工业遗产保护规划编制中的应用进行了探讨。

首先，以北洋水师大沽船坞为案例，对遗产本体层级的现状勘察、文献收集、相关者访谈和生产工艺流程四个方面信息采集的过程和成果进行了论述。其次，基于遗产本体层级 GIS 数据库和文件数据库的建构标准以及大沽船坞的自身特点对北洋水师大沽船坞遗产本体层级 GIS 数据库和相应的文件数据库进行了建构。然后，基于 C++ 编程语言和 Arcgis Engine 开发组件，开发"北洋水师大沽船坞遗产本体信息管理系统"，并实现了空间信息、数据加载、地图操作、属性查询、分析统计、文件浏览、专家评审等功能，基本满足了建筑史研究学者、保护规划编制者以及评审专家等用户的需求。最后，基于 GIS 技术对大沽船坞的历史沿革和各时期的格局演变进行了分析研究，并对大沽船坞内的工业建（构）筑物遗产的遗产价值和非遗产建（构）筑物的再利用价值进行了评估，对 GIS 技术在保护规划中的应用进行了探索。

工业遗产信息采集与管理体系遗产本体层级的 BIM 信息模型建构主要的目标是为了实现对工业建（构）筑物遗产、设备遗产信息管理的技术探索，并对修缮工程、相关研究等提供支撑。遗产领域中 BIM 技术的应用仍处于起步阶段，并且其工作流程较为复杂，因此在本章节研究中，首先根据自身实践经验并结合前人研究对工业遗产中 BIM 技术的工作流程进行了研究。然后以轮机车间、甲坞和设备为例，对 BIM 技术在工业建筑遗产、构筑物遗产和设备遗产的信息采集与管理中的实践应用进行了研究；并针对 Revit 软件在信息管理中的问题，开发了基于 Revit 软件的"建筑遗产修缮信息管理软件"。在轮机车间的修缮工程设计中，利用该软件对轮机车间的残损信息进行了管理的实践性研究。

第一节　工业遗产领域 BIM 技术工作流程研究

BIM 技术中文全称"建筑信息模型"技术，是近年来世界范围内所推广的一种建筑领域的信息化建筑模型技术。通俗而言，BIM 技术的特点是将建筑模型的各个构件与构件的材料、尺寸、制造商、类型等信息相结合。基于 BIM 类型的建模软件，建筑模型不再是"空洞的图形"，而是具有建筑全部信息的"建筑信息模型"，这就等于在计算机中完全重塑了现实世界中的建筑，这也是建筑"全生命周期"管理的重要基础。

对于工业遗产乃至其他类型的文化遗产的建筑信息管理、保护修缮工程等应用而言，BIM 技术的出现具有划时代的意义。首先，在建筑测绘领域中，传统计算机模型在最终成果的表达中已展现出极高的价值，但却存在着建筑模型和遗产信息相互割裂的问题，往往一个模型要对应一个相应的图册或说明文档，造成了信息表达的烦琐与不便；其次，工业建（构）筑物遗产和设备遗产的管理与维护过程中出于"完整性"的要求，每一个节点的信息都应被完整地记录下来，BIM 技术的到来无疑使信息记录与管理的过程变得更加系统与便捷；最后，BIM 技术在建筑修缮工程的信息记录和后期遗产信息管理、运营维护中可以提供某一具体构件的更为精确化的信息，大大提高了修缮工程和保护管理的精确性。

目前，世界范围内较为成熟的 BIM 技术应用软件主要有以下几类：一是由美国 Autodesk 公司所开发的 Revit 系列软件，美国 Bentley 公司开发的 Bentley 系列软件，匈牙利 Graphisoft 公司开发的 ArchiCAD 软件等。目前在我国，Revit 软件在 BIM 市场份额上占绝对领导地位，我国相关的 BIM 工程师证书考试也是基于 Revit 软件进行的。但这并不是因为 Revit 软件是所有 BIM 软件中最完善、最易用的一个。究其原因，应归功于 Autodesk 公司在 CAD 产品中的垄断地位，使软件使用者习惯性地选择了自己公司的产品。目前，国内关于 BIM 的行业标准、BIM 相关工程师的等级考试都是以 Revit 软件为基础的，但在实际应用中，种种迹象表明，Bentley 和 ArchiCAD 在数据整合和开放程度等方面具有更大的优势。

本研究中，遵循目前 BIM 市场规律以 Revit2016 系列软件进行工业建（构）筑物以及设备遗产的信息模型体系建构研究。Revit 系列软件主要包括 Revit Architecture、Revit Structural 以及 Revit MEP，分别对应建筑、结构和暖通专业。本研究中主要使用的软件为 Revit Architecture2016。

BIM 技术应用于工业遗产信息管理之中，英国《遗产 BIM：如何建构历史建筑 BIM 信息模型》一书中将其工作流程总结为 "Scans to BIM" [52]，将三维激光扫描的信息采集与 BIM 技术联系起来，组成了历史建筑 BIM 信息模型建构的主要流程，海量的三维点云数据将是 BIM 信息模型建构准确、可靠的信息源。

以 Revit 软件为主体的工业建（构）筑物遗产和设备遗产的信息模型的建构，主要包括以下几个方面，首先是遗产信息采集数据，包括三维点云数据、人工测绘数据、现状调研数据等；其次是点云数据的处理问题；最后是基于 Revit 软件对信息模型的建构。

本研究中，BIM 技术的应用针对的是工业建（构）筑物遗产和设备遗产的信息管理。根据自身多年实践经验并结合前人研究，将工业遗产领域 BIM 技术的工作流程总结为三个步骤：第一步，基于三维激光扫描的信息采集；第二步，对三维点云数据的处理；第三步，基于 Revit 软件的信息模型的建构。

第一步中，工业建（构）筑物遗产和设备遗产的信息采集主要依靠的是三维激光扫描技术，但在构件或装饰细节等方面应采用人工测量辅助，对建（构）筑物和设备的名称、功能、历史、生产工艺等方面的信息也应对相关文献资料进行信息采集。

第二步中，对三维点云数据的处理主要基于扫描仪厂商所提供的各类点云处理软件，如徕卡的 Cylone、法如的 Sence 等，首先要对扫描的各站点云进行拼接，获得完整的点云模型，然后对点云数据进行降噪处理，即将遗产周围的无关点云进行删除；如果计算机配置较高，这时就可将点云加载入 Revit 软件进行信息模型的建构，但如果计算机配置较低，则应使用 geomagic 软件将点云数据处理成"切片"，再导入 Revit 进行模型建构。

第三步中：基于 Revit 软件的信息模型的建构，首先导入三维点云数据或切片，然后根据点云数据和调研情况判断建（构）筑物的层数、边长、层高、建筑结构、建筑材料等整体情况，并绘制轴网、标高等；再综合点云数据和人工测量信息，研究建筑的具体细节，制定相应的构件族库，并建立族的标准化属性表；最后，综合三维点云、人工测量和文献资料数据，完成 BIM 信息模型的建构和属性信息录入工作。具体流程如图 6-1 所示。

图 6-1　工业遗产领域 BIM 技术工作流程图

第二节　轮机车间、甲坞及设备的信息采集与处理

本文中，针对轮机车间、甲坞及设备的信息采集，大的尺寸方面采用的是三维激光扫描技术进行测量，在建（构）筑物的细节方面则采用人工测量的方式进行补充。对于轮机车间和甲坞的信息采集工作，进行于 2013 年 6 月 8 日至 9 日，采用的三维激光扫描仪为法如（FARO）扫描仪，采集参与者包括笔者、程枭翀、杜欣、石越等。本次测绘分别对甲坞和轮机车间（图 6-2）进行了全面的信息采集，共进行了 34 站扫描，采集的信息量达到了约 1.6 亿个三维点云数据。

大沽船坞现场调研照片

大沽船坞甲坞及轮机车间卫星图

图 6-2　大沽船坞调研照片和卫星图

在进行完信息采集的操作之后，利用法如扫描仪配套的 Scene 点云处理软件对各站数据进行拼接，然后利用 Cylone 点云处理软件对拼接好的点云数据进行"降噪"处理，即对周边的与遗产本体无关的点云数据进行删减。这样做的好处是可以降低文件的数据体量，提高计算机软件的运算速度和效率。然后通过 Revit2016 软件载入三维点云数据，将其作为 BIM 信息模型建构的主要信息来源（图 6-3、图 6-4）。

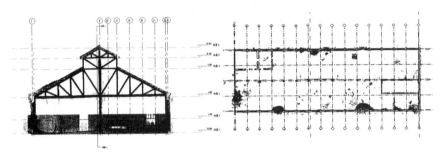

图 6-3　轮机车间点云不同视角视图
图片来源：石越绘制

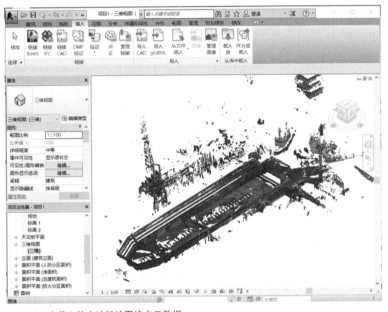

图 6-4　Revit 中载入的大沽船坞甲坞点云数据

但如果由于计算机配置较低，导致点云数据的加载引起 Revit 软件运行卡顿时，可采用 geomagic 软件对点云数据进行进一步处理。利用 geomagic 可对三维点云数据进行"成壳"处理，以"三点成面"的原理，对点云数据进行计算，使点云数据转变为建筑的"壳模型"，再对"壳模型"进行各个角度的切片，再将切片载入 Revit 软件中，这样就可以大大加快软件的运算速度（图 6-5）。

178

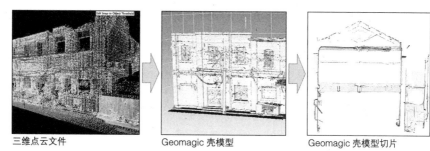

| 三维点云文件 | Geomagic 壳模型 | Geomagic 壳模型切片 |

图6-5 三维点云文件、壳模型和切片对比

本研究中，由于大沽船坞轮机车间在 1978 年之后一直处于荒废状态，并且遗址所属的天津市船厂自 21 世纪初已经停产，相关的设备以及生产线已荒废多年，无从可考。因此，在设备遗产的基于 BIM 的信息管理研究中，以天津市新港船厂为案例。天津市新港船厂也位于滨海新区，海河入海口处（图6-6）。2014 年 6 月，研究中心组织对天津市滨海新区新港船厂轮机车间内相关的生产设备进行三维激光扫描的信息采集，参与人为笔者、石越、程枭翀、刘静等。

图6-6 新河船厂区位图

设备遗产的信息采集在技术环节上与工业建（构）筑物遗产是基本相同的，但同时应该注意设备遗产的特有信息的采集，如生产产品、工艺特点、所需动力、制造商、生产国家等，这些内容大多可通过设备上的铭牌获得。具体的信息采集内容应参考本研究中的《工业遗产设备信息调查表》内容并结合采集对象的实际情况进行。

第三节 BIM 信息模型建构研究

工业遗产文物保护单位中的遗产单体主要有工业建筑物遗产、工业构筑物遗产和工业设备遗产。笔者以北洋水师大沽船坞中的轮机车间、甲坞和新港船厂轮机车间的设备为三类单体的案例，进行遗产本体层级的工业遗产单体 BIM 信息模型的建构研究，对我国工业遗产信息采集与管理体系，遗产本体层级中 BIM 技术的应用进行技术路线的探索。本研究中，轮机车间和甲坞的信息模型依照的是"等级 3 理想模型"标准，设备依照的是"等级 1 概念模型标准"，设备的形态、细节等几何信息由点云数据进行储存。

一、轮机车间 BIM 信息模型的建构研究

轮机车间是北洋水师大沽船坞现存的唯一厂房，轮机车间结构为砖木混合结构，溜肩形高封山墙，双坡屋顶，屋顶铺有灰色板瓦。东西长 19.77m，南北长 55.26m，共 14 开间。1978 年唐山大地震时厂区内其他厂房基本倒塌，唯有轮机车间仅部分墙倒塌。

根据以上的总结，工业建筑遗产 BIM 信息模型建构的技术路线主要包括以下几个步骤：①导入三维点云数据；②根据点云数据和调研情况确定建筑物层数、边长、层高、建筑结构、建筑材料等情况；③依据建筑具体细节的情况，制定相应的构件族库（图 6-7），并依据本研究的标准建立族的属性表（表 6-1）；④根据点云数据、人工测量数据和文献资料建构 BIM 信息模型（图 6-8）。轮机车间的 BIM 模型依据本文中的 BIM 信息模型标准，并结合实际操作等问题，故选择采用"等级 3 理想模型"，通过笔者开发的"建筑遗产修缮信息管理软件"对残损信息进行管理。

轮机车间构件族属性表标准化设计　　　　　　　　表 6-1

属性表内容	具体描述	类型	备注
构件 ID	系统自动生成的构件编号	系统字段	唯一性编号
型号	构件的具体名称		
构件类别	构件所属的族类别		
材料	构件的材料		
制造商	生产、建造工程的承包商		
链接	构件的外部链接信息		相关信息文件位置

属性表内容	具体描述	类型	备注
长	构件长边尺寸		以 mm 为单位
宽	构件短边尺寸		以 mm 为单位
高	构件高度尺寸		以 mm 为单位
构件风格特征	描述该构件的艺术特点、建筑风格特征等	自定义字段	
构件生产年代	该构件生产、建造工程的年代		
残损情况描述	对构件的残损情况进行描述,包括残损位置、类型、原因等		影响构件的完整性
保存现状评估	对构件的保存现状进行初步评估		分为"好""中""差"三档
修缮、改造情况	构件历史上的修缮和改造情况		影响构件的真实性

二、甲坞 BIM 信息模型的建构研究

甲坞是大沽船坞内唯一保存完整的船坞,目前甲坞仍在进行船只的维修工作,是我国船舶制造业的"活化石"。甲坞南北长 128m,东西宽 26m,深 6.5m,原有的坞壁木桩已改为混凝土,坞门由原来的双扇木质挤压式对口坞门改造成钢质浮箱式坞门,至今保存完好。

甲坞属于船舶修造类的构筑物,整体结果较为简单,主要由坞门和坞壁围合的坞室组成,根据三维激光扫描的点云数据首先建构甲坞特定的构件族,包括坞门、坞壁和坞底等(图 6-9),各构建族属性表内容与轮机车间相同,如表 6-1 所示。最后,进行甲坞的 BIM 信息模型的建构,结果如图 6-10 所示。

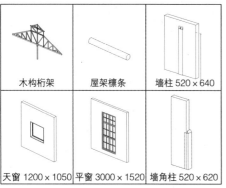

木构桁架	屋架檩条	墙柱 520×640
天窗 1200×1050	平窗 3000×1520	墙角柱 520×620

图 6-7 轮机车间自建族

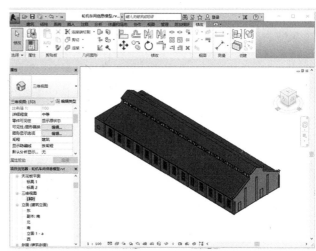

图 6-8 轮机车间建筑信息模型透视图

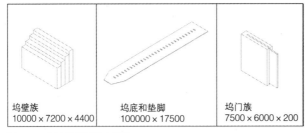

坞壁族	坞底和垫脚	坞门族
10000 × 7200 × 4400	100000 × 17500	7500 × 6000 × 200

图 6-9　大沽船坞甲坞自建族

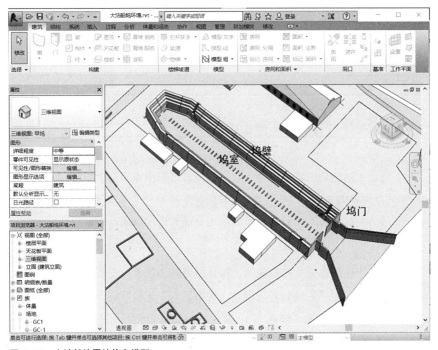

图 6-10　大沽船坞甲坞信息模型

三、BIM 在工业设备遗产信息管理中的应用探索

Revit 软件作为 BIM 类型的"建筑全生命周期"的建模及管理软件，其自身带有"建设设备"的模型建构选项。但是，该设备指的是建筑水、暖、电相关的设备，与本研究中所涉及的工业设备不同。本研究中的工业设备遗产指的是参与工业生产的，具有一定历史、社会文化、科技、艺术价值的工业机械设备，主要包括各类生产设备，如各种加工设备、机床、反应炉、发酵罐等，传送设备如传送带、管道、吊车、牵引设备等，包装设备如打包机、罐装机、装订机等，以及相关的动力提供设备如发电机、内燃机、锅炉、太阳能、风能、潮汐能等。

由于 Revit 软件所应用的领域是建筑行业，在建构设备遗产的信息模型上不具有通用性。因此，本研究中，对设备遗产的信息管理采用的是"概念模型"

和三维点云模型相结合的方式（图 6-11）。"概念模型"即符合本研究 BIM 信息模型标准"等级 1"要求，创建抽象的体块模型族，代表设备遗产，并将其置于所在的空间位置之上，体块模型的目的是模拟设备构成的生产工艺流程，并对设备的属性信息进行储存管理，属性表信息如表 6-2 所示。采用三维点云模型导入 Revit 软件对设备的具体尺寸、形式等几何信息进行信息管理，成果如图 6-12 所示。

设备体块模型族属性表设计　　　　　　　　　　表 6-2

属性表内容	具体描述	类型	备注
构件 ID	系统自动生成的族编号	系统字段	唯一性编号
型号	设备的具体名称		
构件类别	设备所属的族类别		都是"机械设备"
材料	设备的材料		
制造商	设备的制造商		
链接	设备的外部链接信息		外部照片、文献等
国家	设备生产的国家	自定义字段	
长	构件长边尺寸		以 mm 为单位
宽	构件短边尺寸		以 mm 为单位
高	构件高度尺寸		以 mm 为单位
所需动力	描述设备生产所需的动力		分为"人工""水力""蒸汽""电力"等
生产年代	设备生产年代		通过设备铭牌采集
生产产品	设备生产的产品种类、名称		
生产流程描述	设备在生产流程中的作用、在所处年代的先进性等		科技价值的评估
设备描述	对设备的历史、现状进行简要描述		
保存现状评估	对设备的保存现状进行初步评估		分为"好"（保存完好且可使用）、"中"（外形完好但不可使用）、"差"（已完全损毁）三档
修理情况	设备历史上的修理情况		影响设备的真实性

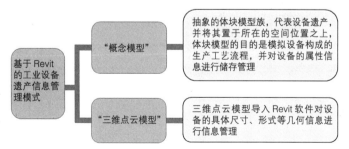

图 6-11　基于 Revit 的工业设备遗产信息管理模式

综上所述，本研究表明，由于 Revit 软件的功能面向的是建筑行业，在工业遗产、设备遗产信息管理的应用其实并不算成功。工业设备遗产与 Revit 等 BIM 软件中本身自带的设备建模功能并不匹配，并且 Revit 等 BIM 软件作为以建筑行业为根基的软件，本身也不具备建造工业设备模型的必要功能。工业设备遗产利用 BIM 软件如何进行信息管理，需要进一步的创新性研究。

第四节　建筑遗产修缮信息管理软件的开发与应用研究

一、Revit 自带功能在工业遗产信息管理中的应用与弊端

本文以北洋水师大沽船坞轮机车间、甲坞以及新港船厂轮机车间生产线为案例对工业建筑遗产、构筑物遗产以及设备遗产的 BIM 信息模型的建构过程进行研究。通过 BIM 信息模型，首先进行储存和管理的是遗产的物质几何信息，如尺寸、材料、形制等。而与工业遗产相关的信息还包括两大类，一是名称、功能、年代、历史情况、保存情况等属性信息；二是与遗产相关的时态信息，如不同历史阶段的信息以及在工业建筑遗产保护工程中的修缮前、修缮中、修缮后的相关信息等。这些信息还需要借助 Revit 自带的信息管理功能进行管理。

针对建筑遗产的属性管理，Revit2016 软件"多应用于现代建筑设计，因此在这方面没有进行专业化设计"[11]。但 Revit 自带的信息管理功能主要包括两大类：一类是与各个构件相关的属性表，该属性表与各构件直接相连接，通过点击构件可激活查看和修改（图 6-12），该属性表可自定义，但并不灵活，

图 6-12　类别属性信息表

对遗产构件无针对性。第二类是利用 Revit 软件的"注释"功能，在图形的特定视图之下，通过在 2D 视角下框选、注释的方式，标明建筑模型具体的保存情况、残损位置等（图 6-13），应该说"标注"功能是 2D 时期功能的延续，信息与构件不对应，不具备信息化的特征。

　　对于工业建（构）筑物遗产各个历史时期时态信息的管理，Revit 软件可利用"阶段化"功能中的"工程阶段"进行管理，通过对构件加入始建、破坏、拆除等"时间信息"来展示不同时间节点遗产的不同面貌，如图 6-14、图 6-15 所示。

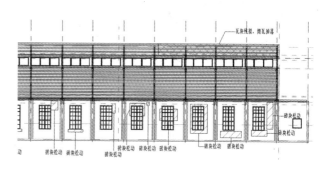

图 6-13　Revit 注释功能在立面视图中的应用
图片来源：石越绘制

图 6-14　大沽船坞轮机车间阶段化管理界面
图片来源：杜欣绘制

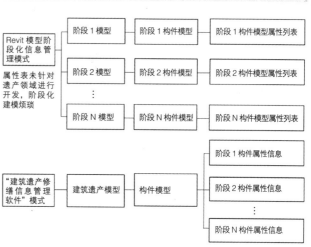

图 6-15　Revit 模型阶段化信息管理模式与笔者开发的"建筑遗产修缮信息管理软件"模式流程对比图

基于 Revit 软件自身的信息管理功能，对于工业遗产历史时段的属性信息、残损信息等可以进行系统化的管理，一定程度上可以支撑工业建（构）筑物遗产的信息化研究和修缮工程的进行，但与此同时也存在一些弊端。首先，针对各个历史时期、修缮前后的信息录入，需要对相应的构建进行重新建立模型，也就是说，有多少个阶段，就会存在多少个阶段化模型。因此，在实际操作中过程较为烦琐，周期较长；其次，同一个构件如果在不同阶段具有不一样的形态，如被破坏、改变、破损等，不仅模型需要更改，其对应的属性表也会相应地产生为两个，这也造成了使用过程中的烦琐。

综上所述，针对工业建（构）筑物遗产的构件信息管理，Revit 自带属性表的内容没有针对性，虽可自定义但灵活性较差，不符合遗产中对保护、修缮的要求；采用"注释"功能进行信息录入，注释存在于特定的 2D 视图中，信息与构件不对应，不具备信息化的特征，在本研究中不建议采用；对于建（构）筑物遗产的阶段化信息的管理，则存在功能烦琐、阶段化模型数量庞杂、建模工作量大等问题，不利于 BIM 技术在工业建（构）筑物遗产的信息管理、修缮工程等方面的应用。

二、建筑遗产修缮信息管理软件的开发

Revit2016 软件支持二次开发插件的应用。利用 Revit 所提供的 Revit SDK 和 Revit Lookup 开发组件，自主开发了"建筑遗产修缮信息管理软件"，用来面向工业遗产建筑残损信息，修缮施工信息的系统化、阶段化的管理。摒弃了不同历史和工程阶段下构件需要重新建模和信息录入的问题，将不同阶段的信息统一到一个构件模型中，实现了信息管理模式和流程的优化，使"理想模型"也可对建筑的残损信息进行管理。从而大大缩短了实际工程中的人力成本和工作时间（图 6-15）。

本研究中，笔者针对工业建（构）筑物遗产修缮工程中信息管理的需求，开发了"建筑遗产修缮信息管理软件"，该软件在功能模块上包括"残损信息录入""修缮成果信息录入"和"信息汇总管理"三大模块（图 6-16）。笔者所开发的"建筑遗产修缮信息管理软件"已获得国家版权局颁发的软件著作权证书。

所使用的开发工具为 Visual Studio 2015 软件环境下 C++、Revit lookup 开发插件，Revit lookup 是 Autodesk 公司所开发的二次开发专用插件，是 Revit 二次开发中不可缺少的工具。然后将开发的 .dll 格式插件使用 Revit 提供的 AddinManager 插件载入 Revit 界面，通过鼠标点选需要进行信息录入的构件，对修缮前的残损信息和修缮后的成果信息进行录入（图 6-17）。本软件中，

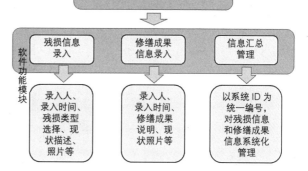

图 6-16　建筑遗产修缮信息管理软件功能模块图

图 6-17　信息汇总管理界面

构件的编号采用了 Revit 软件的系统自动编号，该编号名称为"图元 ID"，在 Revit 软件中具有唯一性，可通过检索"图元 ID"的方式锁定某个特定的构件。基于本软件，管理者可以通过笔者所开发的插件中的"信息汇总"功能，系统性地查看各构件的残损及修缮工程实施的信息。

三、轮机车间残损信息管理研究

北洋水师大沽船坞轮机车间始建于 1880 年，至 20 世纪 90 年代一直作为生产车间使用，其后闲置至今。自建成起，轮机车间整体经过四次修缮。首先是在天津解放后，对轮机车间进行维护，修缮了外墙、屋面等，并对立柱进行了加固。1976 年，唐山大地震中轮机车间外墙遭到破坏，1977 年按原貌进行了修缮。1985 年对屋面进行修缮。2002 年，又对外墙进行了修缮，然后荒废至今。虽然轮机车间前后进行了多次修缮，但因荒废时间较长，加之年代久远，

图 6-18 轮机车间墙体残损信息的录入

轮机车间的外墙多处缺失、开裂，门窗几乎全部遗失，屋面大面积坍塌，保存现状令人担忧。

2017 年开始，笔者与天津大学建筑规划设计研究院共同参与了北洋水师大沽船坞轮机车间的保护修缮工程方案设计项目，对轮机车间的残损信息进行了全面采集。基于轮机车间修缮工程实践，对轮机车间的实地考察，对其保存现状进行信息采集，然后利用笔者所开发的"建筑遗产信息管理软件"进行了项目上的实践工作，对轮机车间的残损情况进行了系统性的信息录入和管理（图 6-18）。最终的成果，基于 Revit 模型和笔者所开发的"建筑遗产修缮信息管理软件"，对轮机车间所有构件的残损信息进行了录入和系统化管理。

第五节 本章小结

本章内容是工业遗产信息采集与管理体系遗产本体层级中 BIM 信息模型建构与信息管理的应用研究。由于国内外 BIM 技术在遗产领域的应用处于起步阶段，因此笔者首先对工业遗产中 BIM 技术应用的工作流程进行研究。然后选取了北洋水师大沽船坞轮机车间、甲坞、新港船厂轮机车间生产设备，为工业建筑遗产、工业构筑物遗产和设备遗产的案例进行了实践研究；探讨了从信息采集到 BIM 信息模型建构与信息管理的全过程。最后，针对 Revit 软件在遗产领域信息管理应用中所存在的弊端，利用 Revit SDK、C++ 语言等开发了"建筑遗产修缮信息管理软件"，并将该软件应用到轮机车间残损信息的管理之中。

工业遗产领域 BIM 技术工作流程主要分为：基于三维激光扫描技术的信息采集、三维点云数据的处理以及 BIM 信息模型建构三步骤。针对 BIM 信息模型的建构，又可分为：①确定建（构）筑物整体结构，绘制轴网、标高等；②根据实际情况，建造特定的构件族，并制定相应的构件族属性表；③依据点云数据、人工测量数据和文献资料，完成信息模型的建构和属性信息的录入工作。

由于 Revit 软件的应用领域是建筑行业，因此在设备遗产的信息管理中，存在不适应性。笔者依据现有技术条件，将设备遗产的信息管理模式分为"概念模型"和"三维点云模型"两部分。概念模型负责对设备遗产的空间位置、生产流程以及相关的属性信息进行管理；三维点云模型负责对设备的物质几何信息进行管理。

由于 Revit 等 BIM 软件是针对新建建筑行业开发的，因此，在遗产领域的应用中，其构件属性表没有针对性的开发，信息模型的阶段化信息管理较为烦琐，工作量巨大。针对以上问题，笔者开发了"建筑遗产修缮信息管理软件"，简化了 Revit 软件在修缮工程中阶段化信息管理中的流程。该软件目前主要包括"残损信息录入""修缮成果信息录入"和"信息汇总管理"三大模块，实现了对建（构）筑物遗产的修缮前残损信息、修缮后成果信息的系统化管理。

第七章
研究总结与
未来展望

第一节　本研究内容总结

　　本研究主体内容可分为两部分，第一部分为第一章至第二章，是对我国工业遗产信息采集与管理体系的建构研究；第二部分为第三章至第六章，是基于该体系以全国、城市和北洋水师大沽船坞为案例，对体系三个层级的信息采集、信息管理，以及相关的分析应用进行实践性研究。

　　第一部分，在充分总结国内外前人研究，依据相关规范指南，并在我国工业遗产的研究现状的视角下，建立"我国工业遗产信息采集与管理体系"。该体系包括"国家层级""城市层级"和"遗产本体层级"。

　　现阶段，"国家层级"的目的主要是为了统筹全国各部门、机构、地区和学者成果，解读我国工业遗产研究全貌；"城市层级"的目的是制定标准化的"普查表"和相应的"普查信息管理系统"，为未来我国工业遗产专项普查做好准备；"遗产本体层级"的目的是实现对工业遗产文保单位的"完整性"保护，在充分考虑工业遗产在"科技价值""完整性"等层面特性的基础上，制定全面的信息采集与管理标准，并对 GIS、BIM 技术在工业遗产保护规划、保护修缮工程中的应用进行探索。

　　第二部分。第三章：依据"国家层级"对全国目前各部门、地区、机构、学者的工业遗产研究成果进行信息采集，统筹了全国的成果，建立"全国工业遗产 GIS 数据库"，并开发了相应的"全国工业遗产信息管理系统"和"全国工业遗产网络地图"；最后基于 GIS 技术对全国工业遗产的行政区、时空、行业、保护、再利用等多个方面进行了全面分析，确定了我国工业遗产分布"三类分布区"，揭示我国工业遗产的整体面貌。

　　第四章：基于"城市层级"，对天津工业遗产进行普查，建立"天津工业遗产普查 GIS 数据库"，并开发了"天津工业遗产普查信息管理系统"；基于 GIS 技术对天津市工业遗产的基本情况、再利用潜力、工业遗产廊道的规划进行研究，对天津工业遗产廊道的存在性进行判定，提出了"天津工业遗产海河之旅"的设想。

第五章：基于"遗产本体层级"，对北洋水师大沽船坞进行全面的信息采集，建立了"北洋水师大沽船坞遗产本体层级 GIS 数据库"，并开发了"北洋水师大沽船坞遗产本体信息管理系统"；最后基于 GIS 技术的大沽船坞的历史格局演变、价值评估等进行研究，并将其应用在保护规划的编制工作当中。

第六章：基于"遗产本体层级"，首先对 BIM 技术在工业遗产领域的工作流程进行了研究；然后对基于 BIM 的轮机车间、甲坞和设备的信息采集与管理进行案例研究；最后基于 Revit 软件、Revit SDK 和 C++ 语言开发了"建筑遗产修缮管理软件"，将其应用于轮机车间修缮工程设计的建筑遗产构件残损信息管理工作中。

第二节　本研究未来发展方向展望

笔者认为在未来将有以下四个主要的发展方向：

首先，本研究以工业遗产为研究对象，完成了"我国工业遗产信息采集与管理体系"的建构，并主要以 GIS 和 BIM 技术为依托，完成了对各层级信息管理系统的建构和应用。但目前，我国文化遗产领域也并没有统一的"信息采集与管理体系"，科学标准的信息采集与管理是文化遗产合理保护的重要前提条件，因此，将该研究扩展至整个文化遗产，抑或是针对另一个遗产门类进行研究，是未来一个重要的发展方向。

其次，在研究手段方面，目前的信息管理体系中以 GIS 技术和 BIM 技术为核心，基本上实现了在宏观（全国、地区、省份等），中观（城市、街区等）和微观（建/构筑物、设备遗产）三个层面的信息化管理与研究应用，但由于软件本身的功能所限，目前本研究中 GIS 和 BIM 二者之间，并没有找到有效的技术手段进行交互连接。寻找解决这一问题的有效技术手段并付诸实践，将是笔者未来的研究重点方向之一。目前，在笔者的设想中，可能的解决途径有两个：一是寻找第三方信息管理平台，将 GIS 数据库、BIM 信息模型的信息导入第三方平台，进行统筹管理；二是放弃目前所使用的 GIS（ArcGIS）和 BIM（Revit）软件，寻找其他可以直接对遗产的宏观、中观和微观三个层面信息进行统一管理的软件平台。

然后，在文化遗产的保护、研究与利用的实践中，笔者越来越深刻地意识到"文化遗产"是一个不断更新的概念，这不仅仅是因为"新型遗产"的不断涌现，也是因为遗产在物质构成、与周边环境的关系在不断变化。一方面，遗产并不是孤立于其他物质环境的"孤立体"，而是与其周边的人文、社会、经济、自然等大环境有着千丝万缕的联系，对文化遗产的保护活动需要在包含上述所有要素的大系统之中进行。另一方面，"遗产"不再特指为"具有文物保护单位身份的重要遗产"，也有可能是那些重要性目前并没有被大家认可的、潜在的遗产，这些"潜在遗产"也应受到我们的关注。在本研究中，某种意义上，工业遗产的城市层级的信息采集与管理研究正是出于这种目的所进行的，而未来笔者也将在这一领域继续研究，去发掘更多的"潜在遗产"。

最后，随着技术的发展，大数据、VR（虚拟现实）、AR（现实增强）等概念和相关技术的出现，为遗产领域的发展带来了新的可能。如基于网络大数据的遗产保护和旅游开发的公众满意度的分析、基于 VR 技术的历史虚拟世界游览、基于 AR 技术的历史遗迹的"再现"等，都已经成为可能。笔者在未来的研究中，也将持续关注高新技术在遗产保护、利用、展示等方面的应用，加强研究中学科交叉。

[1] 国家文物局.关于加强工业遗产保护的通知 [EB/OL].国家文物局，2006-5-26[2018-06-01].http：//www.sach.gov.cn/.

[2] 下塔吉尔宪章.国际工业遗产保护联合会（TICCIH）.下塔吉尔，2003.

[3] 都柏林准则.国际工业遗产保护联合会（TICCIH）.都柏林，2011.

[4] 吕强.要重视工业考古学 [J].大自然探索，1986（4）.

[5] 人民网.中国城镇化率升至 58.52% [EB/OL].2018.2.5.http：//society.people.com.cn/n1/2018/0205/c1008-29805763.html.

[6] 徐苏斌.濒危遗产暂定制度势在必行 [N].光明日报，2013-11-22（010）.

[7] 张十庆.日本之建筑史研究概观 [J].建筑师，1995，（6）：45.

[8] 吴葱.应加快建筑遗产信息化步伐 [N].中国文物报，2014-03-01（003）.

[9] 狄雅静.中国建筑遗产记录规范化初探 [D].天津：天津大学，2009.

[10] 黄明玉.文化遗产的价值评估及记录建档 [D].上海：复旦大学，2009.

[11] 石越.BIM 在工业遗产信息采集与管理中的应用 [D].天津：天津大学，2014.

[12] 国家文物局.第三次全国文物普查工作手册 [M].北京：文物出版社，2007.

[13] 国家文物局.第一次全国可移动文物普查工作手册 [M].北京：文物出版社，2013.

[14] 国家文物局.全国重点文物保护单位记录档案工作规范（试行）[Z].2003.

[15] 季宏.《下塔吉尔宪章》之后国际工业遗产保护理念的嬗变——以《都柏林原则》与《台北亚洲工业遗产宣言》为例 [J].新建筑，（5）：76-79.

[16] 杨鸿勋.中国建筑考古学概说 [C]// 建筑史论文集，2000.

[17] ICOMOS, Guide to Recording Historic Buildings, London：Butterworth.

[18] 王其亨.古建筑测绘 [M].北京：中国建筑工业出版社，2006.

[19] 夏南强.信息采集学 [M].北京：清华大学出版社，2012.

[20] 杨波，陈禹，张媛.信息管理与信息系统概论 [M].北京：中国人民大学出版社，2005.

[21] 鲍克思著.地理信息系统与文化资源管理：历史遗产管理人员手册 [M].胡明星译.南京：东南大学出版社，2001.

[22] Historic England. Understanding Historic Buildings—A Guide to Good Recording Practice [M]. Swindon. Historic England，2016.

[23] Historic England, Explore our Industrial Heritage[EB/OL].2018[2018-06-03], https：//historicengland.org.uk/advice/heritage-at-risk/industrial-heritage/getting-involved/.

[24] Trueman, M & J, Williams. Index Record for Industrial Sites, Recording the Industrial Heritage, A Handbook[M]. London.1993.

[25] Patrimoine industriel[EB/OL]. 2012-09-18[2018-06-05], http://www.inventaire. culture.gouv.fr/Chemin_patind.htm.

[26] Landorf C. A framework for sustainable heritage management: a study of UK industrial heritage sites[J]. International Journal of Heritage Studies, 2009, 15（6）: 494-510.

[27] Rautenberg, M & L, Silva & P, M, Santos. Industrial heritage, regeneration of cities and public policies in the 1990s: elements of a French/British comparison[J]. International Journal of Heritage Studies, 2012, 18（5）: 513-525.

[28] Box P. GIS and Cultural Resource Management: a manual for heritage managers[J]. Manuals in Archaeological Method Theory & Technique, 1999.

[29] Yang W B, Cheng H M, Yen Y N. An Application of G.I.S on Integrative Management for Cultural Heritage- An Example for Digital Management on Taiwan Kinmen Cultural Heritage[C]// Euro-Mediterranean Conference. Springer International Publishing, 2014: 590-597.

[30] Agapiou, A & V, Lysandrou & K, Themistocleous, et al. Risk assessment of cultural heritage sites clusters using satellite imagery and GIS: the case study of Paphos District, Cyprus[J]. Natural Hazards, 2016, 83（1）: 1-16.

[31] Murphy, M & E, McGovern. Historic builing information modelling（HBIM）[J]. Structural Survey, 2009, 27（4）: 311-327.

[32] Dore C, Murphy M. Integration of HBIM and 3D GIS for Digital Heritage Modelling[M]. Dublin Institute of Technology, 2012.

[33] Jordan-Palomar I, Tzortzopoulos P, Garc í a-Valldecabres J, et al. Protocol to Manage Heritage-Building Interventions Using Heritage Building Information Modelling（HBIM）[J]. Sustainability, 2018, 10（4）: 908.

[34] 单霁翔. 保护工业遗产: 回顾与展望 [R]. 2014, 5.

[35] 国家文物局. 第三次全国文物普查工作手册 [R]. 北京: 文物出版社, 2007.

[36] 同 [14].

[37] 梁哲. 中国建筑遗产信息管理相关问题初探 [D]. 天津: 天津大学, 2007.

[38] 狄雅静. 中国建筑遗产记录规范化初探 [D]. 天津: 天津大学, 2009.

[39] 张荣. 以介休后土庙为例探讨文物保护规划中历史环境保护的研究 [J]. 建筑学报, 2008（03）: 88-93.

[40] 刘畅，徐扬．观察与量取——对佛光寺东大殿三维激光扫描信息的两点反思 [J]. 中国建筑史论汇刊, 2016（01）: 46-64.

[41] 宋巍．基于 WebGIS 的文物管理系统的研究与实现 [D]. 北京：北京交通大学, 2015.

[42] 高宋铮．基于 GIS 的宝鸡市文物保护单位管理信息系统开发应用 [D]. 西安：西安建筑科技大学, 2017.

[43] 李珂．基于 HBIM 的嘉峪关信息化测绘研究 [D]. 天津：天津大学, 2016.

[44] 郭正可．基于 BIM 的唐代建筑大木作参数化建模研究 [D]. 太原：太原理工大学, 2018.

[45] 田燕，黄焕．地理信息系统技术在工业遗产管理领域的应用 [J]. 武汉：武汉理工大学学报, 2008, 30（3）: 122-125.

[46] 朱宁．结合 BIM 技术的工业遗产数字化保护与再利用策略研究 [D]. 青岛：青岛理工大学, 2013.

[47] 杜欣．基于 BIM 的工业建筑遗产测绘 [D]. 天津：天津大学, 2014.

[48] 段正励，刘抚英．杭州市工业遗产综合信息数据库构建研究 [J]. 建筑学报, 2013（s2）: 44-48.

[49] 青木信夫，张家浩，徐苏斌．中国已知工业遗产数据库的建设与应用研究 [J]. 建筑师, 2018（08）: 41-46.

[50] 徐苏斌，张家浩，青木信夫．重点城市工业遗产 GIS 数据库建构研究——以天津为例 [A]. 工业建筑, 2015: 6.

[51] 张家浩，徐苏斌，青木信夫．基于 GIS 的北洋水师大沽船坞保护规划前期中的应用 [J]. 遗产与保护研究, 2018, 3（03）: 51-54.

[52] Historic England. BIM for Heritage：Developing a Historic Buikding Information Model[M]. Swindon. Historic England, 2017.

[53] 本书编委会．建筑设计资料集 [M]. 北京：中国建筑工业出版社, 1994.

[54] 哈尔滨建筑工程学院．工业建筑设计原理 [M]. 北京：中国建筑工业出版社, 1998.

[55] 白成军，吴葱，张龙．全系列三维激光扫描技术在文物及考古测绘中的应用 [J]，天津大学学报（社会科学版）, 2013, 5.

[56] 李哲．建筑领域低空信息采集技术基础性研究 [D]. 天津：天津大学, 2009.

[57] 中国民航局．使用民用无人驾驶航空器系统开展通用航空经营活动管理暂行办法 [Z].2016.

[58] 兰州工业遗产图录编委会．兰州工业遗产图录 [M]. 兰州：兰州市文物局, 2008.

[59] 白青锋．锈迹：寻访中国工业遗产 [M]. 北京：中国工人出版社, 2008.

[60] 建筑文化考察组，潍坊市坊子区政府．山东坊子近代建筑与工业遗产 [M]. 天津：天津大学出版社, 2008.

[61] 上海市文物管理委员会.上海工业遗产实录 [M].上海：上海交通大学出版社，2009.

[62] 王西京.西安工业建筑遗产保护与再利用研究 [M].北京：中国建筑工业出版社，2011.

[63] 韩福文，刘春兰.东北地区工业遗产保护与旅游利用研究 [M].北京：光明日报出版社，2012.

[64] 佚名.南京工业遗产 [M].南京：南京出版社，2012.

[65] 蒋响元.湖南交通文化遗产 [M].北京：人民交通出版社，2012.

[66] 彭小华.品读武汉工业遗产 [M].武汉：武汉出版社，2013.

[67] 骆高远.寻访我国"国保"级工业文化遗产 [M].杭州：浙江工商大学出版社，2013.

[68] 许东风.重庆工业遗产保护利用与城市振兴 [D].重庆：重庆大学，2012.

[69] 天津河西文化文史委员会.天津河西老工厂 [M].北京：线装书局，2014.

[70] 高长征，闫芳.中原工业文明遗产研究 [M].北京：中国水利水电出版社，2016.

[71] 刘伯英.中国工业建筑遗产调查与研究——2008 中国工业建筑遗产国际学术研讨会论文集 [M].北京：清华大学出版社，2009.

[72] 朱文一，刘伯英.中国工业建筑遗产调查、研究与保护（一）[M].北京:清华大学出版社，2011.

[73] 朱文一，刘伯英.中国工业建筑遗产调查、研究与保护（二）[M].北京:清华大学出版社，2012.

[74] 朱文一，刘伯英.中国工业建筑遗产调查、研究与保护（三）[M].北京:清华大学出版社，2013.

[75] 朱文一，刘伯英.中国工业建筑遗产调查、研究与保护（四）[M].北京:清华大学出版社，2014.

[76] 朱文一，刘伯英.中国工业建筑遗产调查、研究与保护（五）[M].北京:清华大学出版社，2015.

[77] 朱文一，刘伯英.中国工业建筑遗产调查、研究与保护（六）[M].北京:清华大学出版社，2016.

[78] 刘伯英，李匡.北京工业遗产评价办法初探 [J].建筑学报，2008（12）：10-13.

[79] 钱毅，任璞，张子涵.德占时期青岛工业遗产与青岛城市历史景观 [J].工业建筑，2014，44（09）：22-25.

[80] 罗菁.滇越铁路工业遗产廊道的构建 [D].昆明：云南大学，2012.

[81] 黄晋太，杨栗.太原近现代工业建筑遗产的保护与利用 [J].太原理工大学学报，2013，44（05）：646-650.

[82] 顾蓓蓓，李巍翰.西南三线工业遗产廊道的构建研究 [J].四川建筑科学研究，2014，40（03）：265-268.

[83] 张立娟. 哈尔滨近代工业建筑研究 [D]. 哈尔滨：哈尔滨工业大学，2015.

[84] 贾超. 广州工业建筑遗产研究 [D]. 广州：华南理工大学，2017.

[85] 汪敬虞. 中国近代工业史资料（第二辑）[M]. 北京：科学出版社，1957：1.

[86] 李占才. 中国铁路史：1874—1949[M]. 汕头：汕头大学出版社，1994：140.

[87] 金士宣，徐文述. 中国铁路发展史 [M]. 北京：中国铁道出版社，1986.

[88] 祝慈寿. 中国近代工业史 [M]. 重庆：重庆出版社，1989：468.

[89] 徐苏斌，赖世贤，刘静，等. 关于中国近代城市工业发展历史分期问题的研究 [J]. 建筑师，2017（6）.

[90] 中华民国历史与文化讨论集委员会. 中华民国历史与文化讨论集，第一册，国民革命史 [M]. 1984：367.

[91] 祝慈寿. 中国近代工业史 [M]. 重庆：重庆出版社，1989：708.

[92] 张利民. 新民主主义社会时期中国共产党关于资产阶级的理论与实践 [D]. 成都：西南交通大学，2000.

[93] 徐增麟. 新中国铁路五十年 1949—1999[M]. 北京：中国铁道出版社，1999：40.

[94] 黄华. 三线建设的原因探析 [J]. 凯里学院学报，2007，25（2）：24-26.

[95] 俞孔坚，石颖，吴利英. 北京元大都城垣遗址公园（东段）国际竞赛获奖方案介绍 [J]. 中国园林，2003（11）：15-17.

[96] 张镒，柯彬彬. 我国遗产廊道研究述评 [J]. 世界地理研究，2016，25（01）：164-174.

[97] 曹苏. 天津近代工业遗产——北洋水师大沽船坞研究初探 [D]. 天津：天津大学，2009.

[98] 季宏. 天津近代自主型工业遗产研究 [D]. 天津：天津大学，2012.

[99] 天津社会科学院历史研究所. 天津历史资料 9——北洋水师大沽船坞资料选编 [Z]. 天津：天津社会科学院出版社，1980：2.

[100] 邱隆. 明清时期的度量衡 [C]// 河南省计量局. 中国古代度量衡论文集. 郑州：中州古籍出版社，1990：348.

[101] 许东风. 近现代工业遗产价值评价方法探析——以重庆为例 [J]. 中国名城，2013（05）：66-70.

[102] 徐苏斌，青木信夫. 关于工业遗产经济价值的思考 [J]. 城市建筑，2017（22）：14-17.

会议论文（正式出版）

[1] 徐苏斌，张家浩，青木信夫.重点城市工业遗产 GIS 数据库建构研究——以天津为例 [A].工业建筑，2015 年增刊 I [C].2015：6.

[2] 张家浩，徐苏斌，青木信夫.工业遗产数据库框架建构研究 [A].中国第 5 届工业建筑遗产学术研讨会论文集 [C].北京：清华大学出版社，2015：11.

[3] 张家浩，徐苏斌，青木信夫.中国工业建筑遗产学术研讨会历年成果研究 [A].中国第 6 届工业建筑遗产学术研讨会论文集 [C].北京：清华大学出版社，2016：11.

[4] 张家浩，徐苏斌，青木信夫.基于 GIS 的北洋水师大沽船坞保护规划前期中的应用 [A].中国第 6 届工业建筑遗产学术研讨会论文集 [C].2017：11.

[5] Aoki Nobuo, Zhang Jiahao, Xu Subin. Analysis of Industrial Heritage Research in China Based on CNKI Database [A]. EAAC2017 东亚建筑史会议，2019.

期刊论文

[6] 青木信夫,张家浩,徐苏斌."（2008—2014 年）中国工业建筑遗产学术研讨会"成果研究 [J].建筑与文化，2016（04）：100-103.

[7] 青木信夫，张家浩，徐苏斌.北洋水师大沽船坞创建考证及基于 GIS 的历史格局研究 [J].建筑史第 41 辑，2018（06）：193-200.

[8] 张家浩，徐苏斌，青木信夫.基于 GIS 的北洋水师大沽船坞保护规划前期中的应用 [J].遗产与保护研究，2018，3（03）：51-54.

[9] 青木信夫，张家浩，徐苏斌.中国已知工业遗产数据库的建设与应用研究 [J].建筑师，2018（04）：76-81.

[10] 张家浩，徐苏斌，青木信夫.基于期刊统计的我国各地工业遗产发展分析 [J].新建筑，2019.

软件著作

[11] 张家浩.《中国工业遗产信息管理系统》软件著作权，中华人民共和国国家版权局，2018.

[12] 张家浩，徐苏斌，青木信夫.《天津工业遗产普查管理系统》软件著作权，中华人民共和国国家版权局，2018.

[13] 张家浩.《建筑遗产修缮信息管理软件》软件著作权，中华人民共和国国家版权局，2018.

图书在版编目（CIP）数据

基于信息技术的文化遗产信息采集和管理：以我国工业遗产为例 = Information Collection and Management of Cultural Heritage based on Information Technology——A Case Study of Industrial Heritage in China / 张家浩著 .—北京：中国建筑工业出版社，2020.5

（"中国20世纪城市建筑的近代化遗产研究"丛书 / 青木信夫，徐苏斌主编）

ISBN 978-7-112-24855-1

Ⅰ.①基…　Ⅱ.①张…　Ⅲ.①工业建筑—文化遗产—信息管理—研究　Ⅳ.①TU27

中国版本图书馆CIP数据核字（2020）第024250号

国家自然科学青年基金：52008175
福建省自然科学基金面上项目：2020J01069
厦门市青年创新基金项目：3502Z20206014

责任编辑：李　鸽　陈小娟
书籍设计：付金红
责任校对：芦欣甜

"中国20世纪城市建筑的近代化遗产研究"丛书
青木信夫　徐苏斌　主编
基于信息技术的文化遗产信息采集和管理：以我国工业遗产为例
Information Collection and Management of Cultural Heritage based on Information Technology——A Case Study of Industrial Heritage in China
张家浩　著
＊
中国建筑工业出版社出版、发行（北京海淀三里河路9号）
各地新华书店、建筑书店经销
北京雅盈中佳图文设计公司制版
北京中科印刷有限公司印刷
＊
开本：787毫米×1092毫米　1/16　印张：$13\frac{3}{4}$　字数：252千字
2021年3月第一版　2021年3月第一次印刷
定价：68.00元
ISBN 978-7-112-24855-1
　　　（35401）